数码摄影后期
调色原理与实战技法

郑志强 著

人民邮电出版社

北 京

图书在版编目（CIP）数据

数码摄影后期调色原理与实战技法 / 郑志强著. --
北京 ：人民邮电出版社，2023.8
ISBN 978-7-115-60949-6

Ⅰ. ①数… Ⅱ. ①郑… Ⅲ. ①图像处理软件 Ⅳ.
①TP391.413

中国国家版本馆CIP数据核字(2023)第013808号

内 容 提 要

照片调色是摄影后期的核心问题之一。本书由浅入深、循序渐进地介绍了色彩的基础知识及实战调色技法，主要内容包括色彩三要素在摄影中的应用、色彩的相互关系及应用、调色工具的实际应用、3 种实用的高级调色技巧、四大常用色彩模式的概念及应用、Camera Raw 修片技法、决定作品成败的色彩美学、摄影后期调色实战等。全书结合大量案例，系统讲解了不同场景下的修片调色技巧，能够更好地提升读者的学习效率和学习热情。

本书适合广大摄影后期爱好者参考阅读，也可作为各类培训学校和大专院校相关专业的学习教材或辅导用书。对于想要精进自身修片技法的专业修图师，本书也有一定的参考价值。

◆ 著　　　郑志强

责任编辑　张　贞

责任印制　陈　犇

◆ 人民邮电出版社出版发行　　北京市丰台区成寿寺路 11 号

邮编　100164　　电子邮件　315@ptpress.com.cn

网址　https://www.ptpress.com.cn

北京宝隆世纪印刷有限公司印刷

◆ 开本：700×1000　1/16

印张：17　　　　　　　　　　2023 年 8 月第 1 版

字数：296 千字　　　　　　　2023 年 8 月北京第 1 次印刷

定价：99.00 元

读者服务热线：(010)81055296　印装质量热线：(010)81055316
反盗版热线：(010)81055315
广告经营许可证：京东市监广登字 20170147 号

前言
PREFACE

对摄影的学习从基础层面可分为两个环节，一是前期对器材的熟悉与具体拍摄，二是照片的后期处理。大部分人学习摄影时遇到的困难主要在于照片的后期处理。根据笔者的经验，要想真正掌握后期处理技术，你不能只专注于对软件的操作，还要掌握足够的后期处理知识。

实际上，照片画质的优化、污点的修复、畸变的校正、模糊特效的制作等后期处理工作都是非常简单的，学会相应工具或功能的使用方法即可，不需要特殊的理论或审美能力。后期处理真正的难点在于既需要掌握软件应用技术，又需要有足够扎实的理论知识和审美能力，此外，还需要进行大量修片实践，才能对拥有各种复杂场景的照片的影调和色彩进行后期处理。

本书讲解的照片调色原理、思路与技巧，是后期处理的核心内容之一。要学会照片调色的技巧，你需要正确认识色彩的基本概念；掌握色彩的相互关系及在摄影中的应用，曲线、色阶、可选颜色、色彩平衡等不同调色工具的使用技巧，四大色彩模式的概念、特点及应用，Camera Raw 调色技法，决定摄影成败的色彩美学等；针对各种不同的场景，结合大量案例进行练习和实践，做到举一反三，真正将书本中的知识转化为自己的能力。

资源下载说明

本书附赠部分案例的配套素材文件及Photoshop基础教学视频，扫码添加企业微信，回复本书51页左下角的5位数字，即可获得配套资源下载链接。资源下载过程中如有疑问，可通过客服邮箱与我们联系。

联系邮箱：baiyifan@ptpress.com.cn

目 录
CONTENTS

第 1 章

色彩三要素在摄影中的应用

本章主要介绍色彩三要素的概念，以及色彩三要素在摄影中的应用。

1.1 色彩的由来与识别

■ 色彩产生的源头

自然界中有很多的波，光波是其中的一种，也叫可见光；而其他的波则是不可见的，如 X 射线、紫外线、雷达波等。可见光看上去是一种白色（也可以说是无色）的光波，但经过实验可以发现，可见光其实是由红、橙、黄、绿、青、蓝、紫 7 种不同色彩的光波按照一定顺序混合而成的。

太阳光线照射自然界中的万事万物，由此就产生了不同色彩。虽然不太准确，但我们可以认为太阳光线是自然界中的色彩产生的源头。

可见光只占光谱的很小一部分，而紫外线、红外线等占据了光谱的更大部分，如图 1-1 所示。

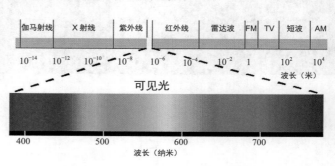

图 1-1

傍晚时分，太阳光线透过厚厚的云层，有时会显示出一些正常色以外的伪色，如图 1-2 所示，有些伪色就是红外线、紫外线等导致的。

图 1-2

■ 色彩的识别与感受

光是一种波,在传输过程中遇到物体时会发生反射或折射等现象。使一束太阳光线通过一面三棱镜,原本的无色光(也可以理解为白色光)经过三棱镜内部的折射会分离出红、橙、黄、绿、青、蓝、紫7种颜色的光线,如图1-3所示,这主要是因为组成太阳光线的7种光线的折射率不同。

我们看到景物呈现出不同的颜色,主要是因为景物反射了相应颜色的光线,并吸收了其他颜色的光线。例如,我们看到景物呈现青色,那是因为景物反射了青色的光线,如图1-4所示。

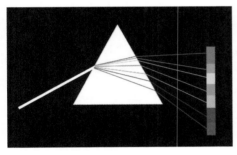

图1-3

图1-4

Tips

我们需要注意的是,如果一种景物不吸收任何一种颜色的光线,而是全部反射,那么人眼所看到的景物颜色便为白色。

图1-5所示的这张照片中,白色的部分表示景物反射了全部的入射光线,而黑色的部分则表示景物几乎吸收了所有入射光线。

图1-5

11

1.2 从摄影的角度掌握色彩三要素

■ 认识色彩三要素

每一种色彩都具有 3 种基本属性，即色相、纯度和明度。

图 1-6

1. 色相

色相是指色彩的相貌，即我们所称的红、橙、黄、绿、青、蓝、紫等不同的色彩，是区分色彩的主要依据。色环显示了我们经常见到的色相，如图 1-6 所示。

具体的照片如图 1-7 所示，其中可能包含大量的色相。除上述常见的色相外，还会有黑色、白色和灰色等，但黑色、白色和灰色并不是普通的色相，都是没有色彩倾向的无彩色。

图 1-7

2. 纯度

纯度和饱和度在色彩领域是没有区别的，并且在摄影领域大家对"饱和度"这一概念的认知程度往往更高。如果非要在两个概念之间找些区别，"纯度"的延伸意义更丰富，例如我们可以说某些液体的纯度很高或很低等。

虽然在摄影领域大家对饱和度的认知程度更高，但用纯度来描述色彩也是很贴切的，因为色彩饱和度的高低就是由色彩中加入的消色（灰色）的量来界定的。色彩中不加入消色，色彩自然是最纯的，饱和度也最高；色彩中加入的消色越多，色彩就越不纯，饱和度也就越低。

图 1-8 中，色彩饱和度自上而下逐渐变低，这是自上而下掺入的消色逐渐变多的缘故。

图 1-9 中，天空中的橙色等暖色调的饱和度就很高，而地景中的蓝色的饱和度较低。

图 1-8

图 1-9

13

3. 明度

明度，顾名思义，是指色彩的明亮程度，也可以说是色彩的亮度。在色彩中加入灰色，会让色彩饱和度降低，那如果加入黑色或白色呢？饱和度也会降低，除此之外，色彩的明暗也会发生变化。

图 1-10 的中间一行列出了红、橙、黄、绿、青、蓝、紫这 7 种色彩的标准色。在每种色彩中加入白色（图中向上的变化），你会发现色彩明显变亮了；如果加入黑色（图中向下的变化），你会发现色彩变暗了。这就是色彩明度（亮度）的变化。

将图 1-10 转为灰度图（图 1-11），此时你就会发现：黄色的明度最高，青色的明度稍低，绿色的明度再次之，其他色彩的明度就更低了。仔细对比可以发现，色彩的明度由高到低依次是黄色、青色、绿色、橙色、红色、紫色、蓝色。

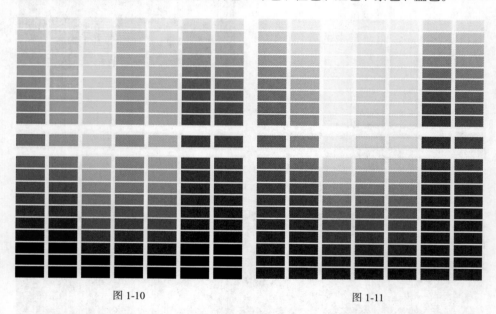

图 1-10   图 1-11

知道了明度的概念后，你如果想要让照片变得明亮、干净，取景时就要多取一些黄色、青色等色彩的景物；如果想要让照片变得更暗，那就应该以蓝色、紫色等色彩的景物构建画面。

14

图 1-12 中，蓝色的明度非常低，已经形成了一种非典型的蓝色。

■ 不同色相给人的心理感受

红色代表着吉祥、喜气、热烈、奔放、激情。早晚两个时间段拍摄的照片，给人以非常温暖的感觉，显得热烈、奔放、生动，具有很强的吸引力。人像摄影中，如果人物的衣服是红色的，照片就会产生一种重彩的视觉效果，很容易让人感受到强烈的色彩冲击。

在中国北方许多传统的古建筑中，红色是非常常见的，再搭配具有传统特色的红色灯笼，整个画面就具有一种传统的美感，如图 1-13 所示。

图 1-12

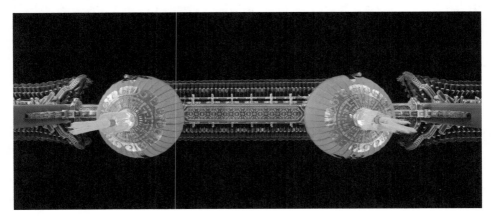

图 1-13

红色在人像摄影中主要用于表现一些成熟的女性，以给人留下深刻的印象，如图 1-14 所示。

橙色是介于红色与黄色之间的混合色，又称为橘黄色或橘色。一天中，早晚的环境色是橙色、红色与黄色的混合色，通常能够传递出温暖、充满活力的感觉。因为与黄色相近，所以橙色经常会让人联想到金色的秋天，进而产生收获、富足、快乐、幸福等感觉。

橙色的典型意义有明亮、华丽、健康、活力、欢乐，有时橙色还具有极度危险的意义。

图 1-14

图 1-15 中出现了大量的橙色，而橙色是一种明度非常高的色彩，这就使整个画面变得比较明快。

图 1-15

　　日出之后，太阳光线投射到醉湖上，将整个场景渲染为非常浓郁的橙色，这种橙色偶尔会为画面增添一丝淡淡的危险气息，如图 1-16 所示。

图 1-16

　　黄色是所有色彩中比较中性的一种混合色，其明度非常高，可以给人轻快、透明、辉煌、收获的感觉。也因为黄色明度较高，过于明亮，所以经常会使人感觉到不稳定、不准确或容易发生偏差。

　　在摄影领域，黄色在花卉中出现较多，迎春花、郁金香、菊花、油菜花等都是非常典型的黄色花卉，这些花卉可以给人一种轻松、明快的感觉。

　　自然界中明度稍低的黄色一般还有黄土的色彩与秋季的季节色两种。黄土通常呈暗黄色，给人感觉比较深沉。秋季的季节色则是收获的象征，果实的黄色、麦田与稻田的黄色通常会给人一种富足与幸福的感觉。

在拍摄花卉等题材时，黄色这种高明度的色彩让照片显得轻松、明快，如图 1-17 所示。

黄色的树木搭配木篱笆上的红色辣椒，以及散落在地上的橙色南瓜，能呈现出秋季收获的感觉，如图 1-18 所示。

图 1-17

图 1-18

秋季的山林中，各种深浅不一的黄色有时会显得单调，而搭配上蓝色的天空以及一些叶子尚未完全变黄的树木，就能给人非常协调、真实、自然的感觉，如图1-19所示。

图 1-19

绿色是自然界中常见的一种颜色，通常象征着生机、朝气、生命力、希望、和平等。饱和度较高的绿色是一种非常美丽、优雅的颜色，给人生机勃勃的感觉。

因为绿色偏冷，为了避免照片过于压抑，往往需要在取景时纳入部分天空。

如果不能纳入天空来搭配，那么建议寻找场景中其他的浅色景物进行配色，如图1-20中，以慢门拍摄水流，水流呈现出梦幻的白色，与密林的绿色搭配，这样照片的色彩层次及影调层次就变得非常丰富。

图 1-20

图 1-21

青色是一种过渡色，介于绿色和蓝色之间。这种色彩的明度很高，拍摄蓝色天空时，稍微过曝，天空就会呈现出青色。这种色彩给人的感觉比较自然，如图 1-21 所示。

图 1-22

泛着青色的海面及天空与人物洋红色的衣服搭配，由此形成的反差是很强烈的，给人的视觉冲击比较强，而大面积的青色又让照片显得非常明亮、干净，如图 1-22 所示。

蓝色是色彩的三原色之一，较为常见的是天空与海洋的或辽阔大气或深沉理智的蔚蓝色，纯净的蓝色则给人一种美丽、文静、准确的感觉。

蓝色的照片相对暗一些，由蓝色渲染的整个场景给人一种清凉、冷静、冷清的视觉感受。在表现一些湖泊、海洋时，蓝色是非常合适的色彩。大面积的蓝色调配合现代化的建筑，带给人一种清凉、静谧的感觉，如图 1-23 所示。

图 1-23

夜晚的色彩往往因为场景太暗而显得黯淡，图1-24中，长时间的曝光将天空的亮度呈现了出来，天空的蓝色让整个场景显得非常冷清而平静。

图 1-24

紫色通常是高贵、美丽、浪漫、神秘、孤独、忧郁的象征。自然界中的紫色多见于一些特定花卉、早晚的天空等，表现得既美丽又神秘，给观者非常深刻的印象。另外，人像摄影中，我们可能会布置紫色的环境，或者让人物身着紫色的衣物等。

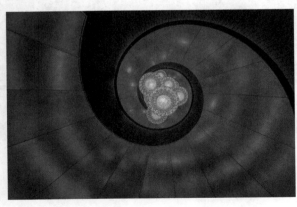

图 1-25

在较暗的纯紫色中加入少量的白色，它就会变成一种十分优美、柔和的色彩；在紫色中加入不同分量的白色，可形成不同层次的淡紫色，而每一层次的淡紫色都显得非常柔美、动人。

紫色灯光照射下的旋梯有一种奢华和神秘之感，如图1-25所示。

白色是非常典型的一种混合色，色光三原色叠加后是白色（当然，我们也可以称其为无色），自然界光谱中所有可见光经过混合叠加会变为无色光或白光。白色能够给人平等、平和、纯净、明亮、朴素、平淡、寒冷、冷酷等感觉。

在摄影中，白色的使用比较敏感，多与其他色彩搭配使用，并且能够搭配使用的色彩非常多，例如黑白搭配能够给人以非常强烈的视觉冲击，蓝白搭配则会传达出平和、宁静的感受……

Tips

拍摄白色的对象时，要特别注意整体画面的曝光控制，因为白色部分很容易因曝光过度而损失其表面的纹理感。

在飞机上拍下布满冰雪的山峰，这种明暗对比非常强烈的色彩给人一种坚硬、冰冷的感觉，如图1-26所示。

图 1-26

白色的云海与深色的山林搭配，为了避免照片的色彩显得过于杂乱，因此将照片转换为黑白效果，这种黑白搭配让照片的影调层次显得非常丰富，如图1-27所示。

图 1-27

23

在人像摄影中，人物身着白色衣服，给人的感觉往往是非常平和、纯净的，并能传达出一种健康向上的情绪，如图 1-28 所示。

图 1-28

■ 分析色相，为拍摄做准备

掌握不同色相的特点可以为我们后续的拍摄提供帮助。比如我们要创作某种风格的作品，提前规划好画面的色彩，就能够让最终的照片与我们所要创作的风格相适应。

也就是说，掌握不同色相的特点，可以为后续的画面风格控制提供很好的帮助。比如我们要拍摄充满喜庆氛围的人像照片，那么可以让人物身着大红色的衣服，这样画面效果会更理想，如图 1-29 所示。

图 1-29

如果我们要拍摄比较唯美、有少女感的人像照片，那么可以让人物身着浅色的衣服，再搭配粉红色的场景，最终就能取得良好的画面效果，如图 1-30 所示。

图 1-30

25

■ 饱和度：情绪与质感

在数码照片中，高饱和度的景物往往能给人强烈的视觉刺激，很容易吸引观者的注意力；低饱和度的景物给人的感觉会平淡很多，不容易引起观者的注意。

在后期处理中，常见的一种修片思路就是提高主体的饱和度，而适当降低其他景物的饱和度，利用饱和度高低的对比来强化主体。例如，让人物身着饱和度较高的衣服，而背景选择饱和度偏低的水面及天空，这样有利于突出人物，让其显得更醒目。

图 1-31 中，高饱和度的曼陀山给人的视觉印象是非常强烈和醒目的，而天空、水面等饱和度并不算太高的区域则起到了很好的陪衬作用。

图 1-31

高饱和度的内容除了能够快速吸引观者的注意力外，还有利于情绪的表达和氛围的酝酿；而低饱和度的内容不利于表现某些情绪，但由于画面受色彩的干扰比较小，比较有利于呈现更丰富的细节和层次，从而有利于强化画面的质感。

很多摄影爱好者在拍摄时都经历了从拍摄高饱和度内容到拍摄低饱和度内容的变化过程，这也是审美逐步变化的一个过程，即从追求偏明确的、艳丽的色彩风格变为追求平静的、内敛的色彩风格。这些摄影爱好者可能会形成这样一种观点：

低饱和度的画面更高级、更有质感。但实际上，这并不是绝对的，在不同情况下，我们要合理控制不同景物之间的饱和度差别，最终让画面呈现出理想的色彩效果。

图 1-32 中，色彩的饱和度非常高，画面给人的印象是非常深刻的，能够一下抓住观者的视线。

图 1-33 中，色彩的饱和度就比较低，整体画面显得非常恬静，给人以舒适、内敛的感觉。

图 1-32

图 1-33

27

图 1-34 所示的这张照片的色彩饱和度也非常低，可以让画面呈现出非常好的质感，从而让这种简单的画面变得更加耐看。

图 1-34

图 1-35

在人文纪实类题材中，低饱和度的色彩会被大量运用，这有利于减少色彩对画面的干扰，让画面呈现出更丰富的层次、细节，让观者更关注画面所表现的内容。所以，人文纪实类题材中，低饱和度、黑白、单色等色彩风格的照片比较多见，如图 1-35 所示。

图 1-36 所示的这张照片中，视觉中心部分的饱和度是非常高的，而周边景物的饱和度相对偏低，从而营造出非常强烈的视觉冲击力，画面具有戏剧性效果，显得非常高级。因此，并不是只有低饱和度色彩能营造出非常高级的画面，我们应该合理控制画面中色彩的饱和度。

图 1-36

■ 明度：色彩自身与色彩间的变化

如果照片中运用了大量明度比较高的色彩，并且提高了画面整体的曝光值，就容易营造出高调的画面效果；反之则容易营造出低调的画面效果。

无论是想获得高调的画面效果还是低调的画面效果，除可以调整曝光值外，还可以通过控制照片中画面构成元素的明度来实现。

明度高的色彩容易构建高调的摄影作品，明亮低的色彩则容易构建低调的摄影作品。

对于绝大部分的照片来说，综合了不同色彩的明度效果之后，画面整体色彩的明度往往是比较适中的。大部分情况下，我们所见到的照片，都是一般的中间调效果。图 1-37 所示的这张照片就是一张中间调的照片。

图 1-37

浅色或白色等明度较高的色彩，往往能构建出高调的画面，如图1-38所示。

图 1-38

1.3 红外摄影：极有辨识度的摄影题材

■ 低通滤镜与红外滤镜

自然界中，红、橙、黄、绿、青、蓝、紫等可见光实际上只占据光谱的小部分或者很窄的一个波段，除可见光之外的紫外线、红外线等是人眼不可见的，但相机能够捕捉这些波，导致最终拍摄的照片呈现非常奇怪的色彩，为了解决这个问题，相机厂商在成像的感光元件之前加了一片低通滤镜，用于滤除紫外线、红外线等不可见的波，让照片呈现正常的色彩。

现在会产生这样一个问题，如果我们更换感光元件前的低通滤镜，允许红外线通过，会拍到什么色彩的画面呢？实际上，这就实现了我们通常所说的红外摄影效果。

如果我们将相机感光元件之前的低通滤镜变为红外滤镜，或在镜头前加装红外滤镜，允许红外线透过滤镜照射到感光元件上，就可以让拍摄出的照片呈现出非常梦幻或单色的效果。

■ 不同波长红外滤镜的实拍色彩

一般来说，可见光的波长为380~780nm，而红外线的波长为760nm及以上。由此，相机厂商设计了590nm、630nm、680nm、720nm、760nm、850nm、950nm等不同规格的红外滤镜，用于实现红外摄影效果。

例如，850nm的红外滤镜的功能是可阻止波长在850nm以下的红外线进入，只允许波长大于850nm的红外线进入，这样就阻挡了可见光和波长小于850nm的红外线参与成像，拍出来的画面就会是单色的状态，如图1-39所示。

图 1-39

而630nm、680nm、720nm的红外滤镜允许一部分可见光进入，与红外线混合成像，因此可以用于拍摄有趣的彩色、半红外照片，如图1-40所示。

图 1-40

31

850nm、950nm 的红外滤镜适用于拍摄纯粹的红外照片，这类照片在后期通常会转换为黑白效果，如图 1-41 所示。

图 1-41

要实现红外摄影效果，我们可以将感光元件前的低通滤镜改为红外滤镜。利用这种方式实现红外摄影效果，对相机的曝光、对焦等不会产生影响，但相机的感光元件会被破坏，产生不可逆的变化，之后相机无法再拍摄出正常色彩的照片。

还有一种方法可实现红外摄影效果，即在镜头前直接加装红外滤镜。这种方法的优势是不会对相机本身产生任何影响，成本相对较低。但劣势是曝光时间会很长，为 1/8~30s，需要使用三脚架；由于镜头前装了红外滤镜，某些情况下取景时会看不清，需要进行调整。

1.4 星空改机摄影：越来越流行的摄影题材

在星空摄影领域，天空中许多星云、星系发出的光线波长都集中在 630~680nm，光线偏红。但红外滤镜的存在会使得这些光线的通过率低于 30%，

　　甚至更低，这就会导致拍摄的照片中星云、星系的色彩魅力无法很好地呈现出来。这也是我们用普通相机拍摄星空时，画面中很少有红色的原因。

　　为了表现星云、星系等原本的色彩效果，星空摄影爱好者会对相机进行改造，这被称为改机。改机主要是将相机的感光元件前的红外滤镜移除，更换为 BCF 滤镜。

　　改造之后的相机可对波长为 650~690nm 的近红外线感光，让星云、星系等呈现出原本的色彩。

　　图 1-42 中显示的是专业的改机机构"梦天天文"提供的改机前后光线波长控制图，蓝色线条表示改机前在低通滤镜影响下的效果，可以看到波长为 600~700nm 的光线大部分被截住了，而橙色线条代表改机后使用 BCF 滤镜的效果，可以看出波长为 400~700nm 的光线的通过率非常高。这样就可以确保星云、星系等发射的光线有更高的通过率，使相机更容易对这些光线感光。

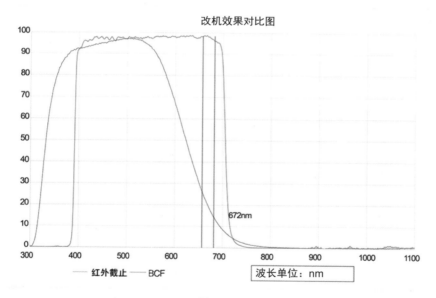

图 1-42

　　改机拍摄的后果是所成的像整体偏红，后期需要进行白平衡的调整，让画面整体呈现出更准确的色彩。

　　在利用正常相机拍摄的星空照片中，一些星云的色彩隐约可见，不够明显，如图 1-43 所示。

图 1-43

　　改机之后拍摄的星空照片中，星云的色彩会更明显地呈现出来，如图 1-44 所示。

图 1-44

第 2 章

色彩的相互关系及应用

本章介绍不同色彩之间的相互关系及其在摄影中的应用。

2.1 同类色：轻松得到干净的画面

以同一类颜色来构建画面，画面元素间的色彩通常只存在明度方面的不同，比如搭配使用大红色、深红色、浅红色、土红色等，这种配色就称为同类色配色，即采用不同明暗的同一类颜色，或采用不同深浅的同一种颜色。

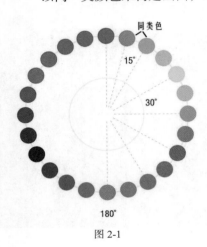

图 2-1

同类色在视觉上给人的感觉是非常舒适的，不会让人有突兀的感觉。

同类色是指色环上相隔 15° 及以内的色彩，如图 2-1 所示。

当前，同类色配色是比较流行的一种配色风格，因为采用这种配色方式的画面看起来会非常干净和协调，如图 2-2 所示。

图 2-2

2.2 相邻色及类似色：稳定、协调的色彩

■ 相邻色的概念及特点

有些照片的配色会让我们感觉到反差很大，视觉冲击力很强，而另外一些照片的配色则会让我们感觉非常协调自然。

在色环中，两两相邻的颜色，即相隔15°的颜色被称为相邻色，如图2-3所示。相邻色的特点是颜色相差不大，区分不明显，摄影时取相邻色进行搭配，会给观者以和谐、平稳的感觉。

相邻色的搭配在花卉摄影中非常常见，这种相邻色配色让画面显得热烈、浓郁而又协调、自然，如图2-4所示。另外，在日出或日落时，天空的色彩往往也呈现出这种暖色系的相邻色。

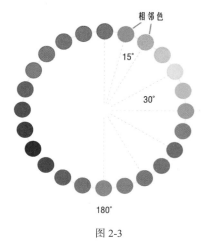

图 2-3

图 2-4

绿色是一种生机勃勃的颜色，而在实际的摄影中，它往往与黄色进行搭配，这种配色也是一种相邻色配色，会令人感到非常和谐、自然，如图 2-5 所示。

图 2-5

■ 认识类似色

在色环上，90°角以内相邻接的颜色统称为类似色，例如红—红橙—橙、黄—黄绿—绿等均为类似色，如图 2-6 所示。由于类似色的色相对比不强，配色效果与相邻色差不多。所以大家可能会有疑问，类似色是不是相邻色？实际上，相邻色是针对两两色彩而言的，是两种色彩之间的关系，而类似色则是针对 3 种颜色而言的。我们前面所举的例子，均是 3 种颜色之间的关系。

从某种意义上来说，我们可以认为类似色是相邻色的一种特殊情况。

采用类似色配色的画面，色彩之间不会互相冲突，可以营造出协调、平和的氛围。在构建画面时，为了让整体色彩更协调，类似色的饱和度要相近一些。

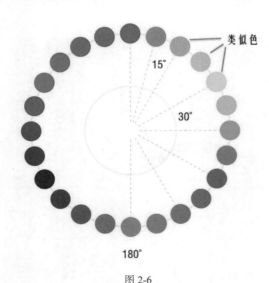

图 2-6

类似色的色彩搭配让画面显得非常梦幻、自然，如图 2-7 所示。

图 2-7

2.3 中差色：富有张力的色彩

中差色是指色环上相隔90°的色彩，比如红色与绿色、绿色与蓝色等色彩两两互为中差色。对于采用中差色配色的画面来说，色彩的对比效果较明显，但反差并不强烈。综合来看，采用中差色配色的画面，色彩层次清晰、丰富，具有较强的张力，给人以丰富的想象空间。

中差色在色环上的相互关系，如图2-8 所示。

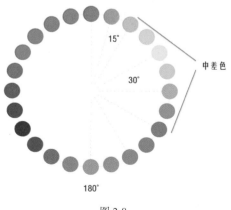

图 2-8

植物的绿色与天空的蓝色互为中差色，两者之间的色彩差别是比较明显的，采用这种配色的画面的色彩层次比较清晰，如图 2-9 所示。

图 2-9

2.4 对比色及互补色：极具冲击力的色彩

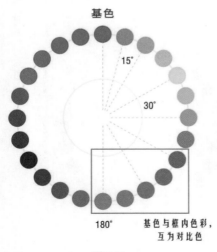

图 2-10

■ 对比色的概念

色环上相隔 120° 及以上的色彩之间的反差和对比是比较强烈的，这样的色彩被称为对比色。

采用对比色配色的画面会有比较强的视觉冲击力。

对比色在色环上的相互关系，如图 2-10 所示。

■ 互补色的概念及应用

在对比色中，有一种比较特殊的情况，

即色环上相隔 180° 的色彩称互补色，如图 2-11
所示。

互补色是对比色的一种，但比一般的对比
色的对比效果更强烈，也就是说，互补色形成
的视觉冲击力更强。

色环上一条直径两端的色彩互为互补色，
如图 2-11 所示。

互补色给人的视觉感受是非常强烈的，画
面的视觉冲击力十足，如图 2-12、图 2-13 和
图 2-14 所示。

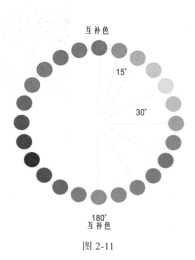

图 2-11

图 2-12

图 2-13

41

图 2-14

2.5 暖色调、冷色调与冷暖对比

■ 暖色调与冷色调的画面

除同类色、相邻色、中差色和对比色外，色彩之间还有另外一种关系，那就是色彩有冷暖的区分。其中，红色、橙色、黄色等为暖色调，绿色、青色、蓝色等为冷色调，从色环中我们可以看到，色彩的冷暖划分是很明显的。

图 2-15 中黑线以上部分为暖色调，黑线以下部分为冷色调。

暖色调照片容易表达浓郁、热烈、饱满的感觉，还可以表达幸福、丰收等感觉。冷色调照片有时会让人感觉到理智、平静，但在拍摄时如果对冷色调的运用不合理，拍出来的照片就容易让人产生压抑、沉闷的感觉。

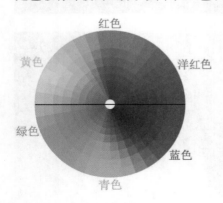

图 2-15

暖色调的照片能传递出非常炙热的情感，如图 2-16 所示。

图 2-16

冷色调的照片则给人一种平静、理智的感觉。图 2-17 中的冷色调效果大多是阴雨天气里光线表现力不够造成的。

图 2-17

■ 冷暖对比

一般情况下，冷暖色调不同的照片会给人不同的感受，下面要介绍一种比较特殊的情况，即画面中同时存在冷色调和暖色调。

冷暖对比能够让照片的视觉冲击力更强，但要表现这种冷暖对比的画面效果，建议在取景时以大面积的冷色调搭配小面积的暖色调，这样视觉效果更好，如图 2-18 所示。

图 2-18

图 2-19

图 2-19 中，主体人物自身就形成了冷暖对比，虽然单从人物的角度来看，冷色调与暖色调的面积相差不大，但从整体画面来看，冷暖对比是比较合理的。

第 3 章

调色工具的实际应用

　　影响照片色彩表现力的因素非常多，后期软件 Photoshop 中可以用于调色的工具也有多种，但对于摄影后期来说，我们只需要掌握其中功能最强大、最实用的 10 种即可。掌握了这 10 种工具，就可以实现对绝大多数照片的调色处理。本章将结合色彩互补原理来详细讲解这些工具的使用方法和技巧。

3.1 Photoshop 调色的基石：色彩互补原理

■ 三原色的由来及色彩叠加规律

自然界中的可见光可以通过三棱镜直接分解成红、橙、黄、绿、青、蓝、紫这 7 种颜色的光线。如果对已经被分解出的 7 种光线再次逐一进行分解，可以发现红、绿和蓝这 3 种颜色的光线无法被分解；而其他 4 种颜色的光线可以被再次分解，最终也分解成了红、绿和蓝这 3 种颜色的光线。换句话说，虽然太阳光线是由 7 种颜色的光线组成的，但本质上是由红、绿和蓝这 3 种颜色的光线组成的。

也就是说，自然界中只有红、绿、蓝 3 种颜色的原始光线，其他光线由这 3 种光线混合产生，有的需要等比例混合，有的需要非等比例混合，有的还需要多次混合。因此，红、绿、蓝 3 种颜色被称为三原色。

自然界中，我们看到的色彩除了红、橙、黄、绿、青、蓝、紫外，还有其他色相的色彩，也都是由三原色以一定比例混合产生的。

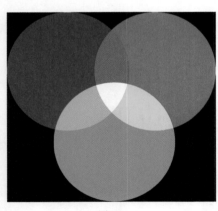

图 3-1

从图 3-1 中，我们可以非常直观地看出色彩叠加的规律：

红色 + 绿色 = 黄色；

绿色 + 蓝色 = 青色；

红色 + 蓝色 = 洋红色（即粉红色、品红色）；

红色 + 绿色 + 蓝色 = 白色。

此外，由红色 + 绿色 = 黄色、红色 + 绿色 + 蓝色 = 白色，可以得出黄色 + 蓝色 = 白色这样的结论；同理可以得出绿色 + 洋红色 = 白色、青色 + 红色 = 白色的结论。

■ 色环、色彩混合与色彩互补

图 3-1 表达出的色彩混合方面的信息并不全面，其中紫色、橙色等常见色彩没有涉及，所以我们可借助色环来进行观察分析。从三原色叠加图中我们知道黄色是由红色和绿色叠加出来的、青色是由绿色和蓝色叠加出来的、洋红色是由红

色和蓝色叠加出来的，再观察图 3-2 所示的色环，我们就很容易弄明白，混合色正好位于两两三原色的中间，并且是按照我们最初介绍的红、橙、黄、绿、青、蓝、紫的顺序排列的。

紫色虽然没有在图 3-2 中进行标注，但实际上它与洋红色所处的位置很接近。

另外，因为黄色＋蓝色＝白色、洋红色＋绿色＝白色、红色＋青色＝白色，以及从色环上可以看到，等式左边的两种色彩都位于某条直径的两端，是互补的，所以我们可以得出结论：互补的两种色彩混合后得到白色。

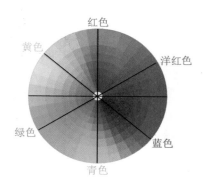

图 3-2

前面的知识看似非常绕口和难以记忆，但这已经是针对色彩方面的较简单的一些规律总结了，我们无论如何都需要认真记忆。如果觉得记不住，我们可以将图 3-1 和图 3-2 打印出来，贴在计算机屏幕旁边。因为我们在后期软件中进行调色时，就要使用这种简单的色彩叠加规律。

在后期软件中，几乎所有的调色都是以互补色混合得到白色这一规律为基础的。例如，照片偏蓝色，那表示场景被蓝色光线照射，调整时我们只要减少蓝色，增加黄色，让光线变为白色，场景相当于被白光照射，照片的色彩表现就准确了。这便是简单直接的后期调色原理。

3.2　色彩平衡：注意三大调的分别调整

首先来看色彩平衡这个功能的使用方法。色彩平衡是一种比较简单、快捷、方便的调色功能，但是它的劣势也比较明显——调色不是特别精准。

下面通过一个具体的案例进行介绍。

首先在 Photoshop 中打开素材照片，可以看到其明显是偏蓝的。下面借助色彩平衡功能进行调整。

在"图层"面板下方，单击"创建新的填充或调整图层"按钮，在展开的菜单中选择"色彩平衡"，这时软件会创建一个色彩平衡调整图层，并打开色彩平衡调整面板，如图 3-3 所示。

图 3-3

图 3-4

在图 3-4 所示的面板中，我们可以看到三原色及它们的互补色。实际调色时，我们只要拖动滑块就可以对色彩进行调整。比如照片偏红，我们可以拖动相应的滑块，使之向"青色"方向移动，提高"青色"的比例，也就等同于降低"红色"的比例。

色彩平衡功能的使用是非常简单的，它的功能设定就是通过调整三原色及它们的互补色，来实现整体画面色彩的改变。

另外，我们要注意"保留明度"复选项。如果我们勾选该复选项后再进行调色，那么所调整色彩的明度会影响画面的明暗变化，比如我们将滑块向"青色"方向

拖动，画面色彩变青，而青色的明度较高，整体画面就会变亮，即画面的明暗会随着所调整色彩的明度不同而发生一些轻微的改变。

如果取消勾选"保留明度"复选项，调色时，画面的明暗依然会发生轻微的变化，但是这种变化只与加色、减色模式有关，本书第 5 章将对相关内容进行详细介绍。

当前，我们可以看到照片偏蓝，因此直接降低"蓝色"的值，相当于提高"黄

48

色"的值，整体画面中的蓝色就减弱了，如图 3-5 所示。

图 3-5

继续观察，我们会发现照片有一些偏青、偏绿，因此可以稍稍降低"青色"的值，相当于提高"红色"的值；降低"绿色"的值，相当于提高"洋红"的值，让画面色彩更理想一些；如图 3-6 所示。

图 3-6

图 3-7

此时可以看到，画面左上角最暗的部分的色彩变化并不是特别明显，这是因为我们当前的调整针对的是中间调区域，展开"色调"下拉列表，其中有"阴影""中间调""高光"3 个选项，如图 3-7 所示，之前选择的是"中间调"，所以我们调整的是中间调区域。

接下来，我们选择"阴影"，对阴影区域的蓝色进行调整。降低"青色""绿色""蓝色"的值，可以看到左上角的蓝色得到校正，如图 3-8 所示。

图 3-8

高光区域整体有一些偏红，因此我们选择"高光"，降低"红色""洋红""黄色"的值，高光区域的整体色彩得到校正，如图 3-9 所示。但如果仔细观察，我们会发现右下角高光与中间调结合部分的色彩依然不是很准确，下面通过蒙版进行调整。

图 3-9

在工具栏中选择"画笔"工具,将前景色设为黑色,设定画笔为"柔性画笔","不透明度"和"流量"尽量设得低一些,缩小画笔直径,在画面右下角进行涂抹,还原出照片没有调色之前的效果,如图 3-10 所示。

图 3-10

因为画笔的"流量"和"不透明度"设得很低，那么调色效果和未调色效果在这片区域中会得到混合，相对来说这片区域的色彩就变得比较准确。

调色完成之后，对比调色之前（图 3-11）和调色之后（图 3-12）的效果，我们发现画面的色彩发生了非常大的变化，变得更加准确。

图 3-11

图 3-12

当然，对于风光摄影来说，色彩准确未必就是好的，未必能产生较好的艺术效果，这一点要注意。

3.3 曲线调色：综合性能强大的工具

曲线调色是 Photoshop 中综合性能非常强大的一款工具，它的强大体现在可以对照片的明暗与色彩进行准确的调整。这个工具开发的时间比较早，所以老一代摄影师、印刷厂的调色师傅都习惯使用它，新一代的摄影师则使用得没有那么多。

这款工具的特点在于我们可以非常直观地对照片中的某些位置进行精准的调整，如果我们不想进行特别精准的调整，可以用鼠标指针直接在曲线上单击以创建锚点，将锚点向上拖动或向下拖动，从而进行明暗或色彩的调整，非常方便。

曲线调色工具结合蒙版使用，可以对照片的明暗及色彩进行非常精准的调整。下面通过具体的案例来讲解曲线调色工具的使用技巧。

在 Photoshop 中打开素材照片，创建曲线调整图层，如图 3-13 所示。

图 3-13

在打开的曲线调整面板中，单击"RGB"，展开下拉列表，在其中可以看到"RGB"以及"红""绿""蓝"这 4 个选项，如图 3-14 所示，每个选项对应一种曲线。

RGB 曲线可用于调整照片的明暗，而红、绿、蓝 3 种曲线可用于调整照片的色彩。

曲线调色不如色彩平衡调色显得直观，因为曲线调整面板中只标出了三原色，而没有标出它们的互补色。但我们了解了色彩互补原理之后，即便只对三原色进行调整，也可以同时实现对它们的互补色的调整。比如，我们向上拖动红色曲线，就相当于在画面中减少了红色的互补色——青色。

图 3-14

在本案例中，我们可以看到原照片整体偏黄、偏闷，因此我们选择"蓝"选项，向上拖动蓝色曲线，根据色彩互补原理，增加蓝色就相当于减少蓝色的互补色——黄色，照片偏黄的问题就得到校正，如图 3-15 所示。

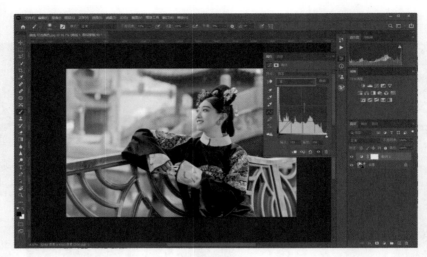

图 3-15

此时照片整体有一些偏洋红，因此选择"绿"选项，向上拖动绿色曲线，绿色的互补色是洋红色，因此增加绿色就相当于减少洋红色，可以看到人物的肤色及画面整体色彩趋于准确，不再偏洋红，如图 3-16 所示。

图 3-16

仔细观察照片，会发现左下角护栏上有一些位置绿色过重，因此我们要准确校正这些护栏上的绿色。可以在曲线调整面板的左上角单击"选择目标调整工具"，然后将鼠标指针移动到护栏上偏绿的位置，按住鼠标左键向下拖动就可以准确调整护栏的色彩（即减少绿色），最终可以看到曲线上对应的位置色彩得到校正，如图 3-17 所示。

图 3-17

最后选择"红"选项，稍稍向上拖动红色曲线，让画面整体变得红润一些，如图 3-18 所示。

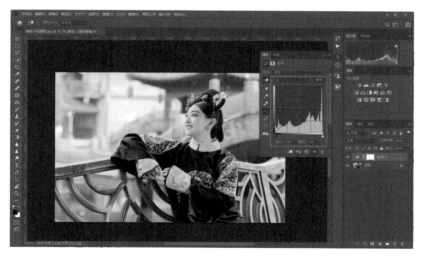

图 3-18

至此，这张照片的调色完成。

对比一下调色前后的效果，分别如图 3-19 和图 3-20 所示，我们可以看到原照片整体偏黄、偏闷，调色之后，照片的色彩变得更加准确，并且人物的皮肤变得更透亮。

图 3-19

图 3-20

3.4 可选颜色：准确定位特定色彩

 ■ "相对"与"绝对"的区别

在"可选颜色"对话框中，有"相对"和"绝对"两个单选项。设定为"绝对"，调色就是针对某种色彩的最高饱和度值进行的；设定为"相对"，调色就是针对具体照片中的某种色彩的实际饱和度值进行的。因此，同样调整 10% 的色彩比例，设定为"绝对"时，调整的效果是非常明显的，而设定为"相对"时，效果就要柔和很多。在具体应用中，我们通常是针对当前照片进行调整的，因此应该设定为"相对"。

为了便于大家理解，下面举例进行说明。假设青色的最高饱和度值为 100，但某张照片中青色的饱和度值为 60。我们用可选颜色工具对照片中的青色进行调整，要降低 50% 的青色，设定为"相对"的话，调整是针对饱和度值为 60 进行的，调整后，照片中青色的饱和度值就变为 30；设定为"绝对"的话，调整是针对饱和度值为 100 进行的，调整后，照片中青色的饱和度值就变为 10。也就是说，设定为"绝对"时，调色的效果要明显很多。

■ 可选颜色工具的使用技巧

在商业人像摄影中，可选颜色的使用频率相当高，是最受欢迎的调色工具之一。喜欢人像摄影的读者，可以好好学习如何使用这款工具。

打开之前进行过曲线调色的照片，创建可选颜色调整图层，如图 3-21 所示。

图 3-21

在可选颜色调整面板中，展开颜色下拉列表，在其中可以看到"红色""黄色""绿色""青色""蓝色""洋红"，以及"白色""中性色"和"黑色"等选项，如图 3-22 所示。其中，白色、中性色和黑色对应的分别是照片的高光区域、中间调区域和暗部区域。

通过可选颜色工具，我们可以选择不同的色彩进行调整，也可以通过选择照片的高光区域、中间调区域和暗部区域进行调整，也就是可选颜色工具有两种调色逻辑：一种是按照色彩进行调整，另一种是按照明暗划分区域并进行调整（后面会具体介绍）。

图 3-22

对于这张照片，经过之前的曲线调色，我们会发现依然存在一些问题，比如左下角黄色的护栏部分依然有些偏青，因此在可选颜色调整面板中我们可以将"颜

57

色"选择为"黄色"，也就是对照片中的黄色系进行调整，选择之后降低"青色"的比例，可以看到栏杆上偏青的问题得到解决，对于黄色比例偏高的问题，我们可以稍稍降低黄色的比例，如图 3-23 所示。

图 3-23

背景中亭子顶部是有一些偏青色的，那么我们可以选择"青色"，然后降低"青色"的比例，之后可以看到亭子顶部整体有一些偏亮，因此我们可以提高"黑色"的比例，以压暗原本偏亮的亭子顶部，此时画面整体色彩变得协调了很多，如图 3-24 所示。

图 3-24

照片背景中间亮度非常高的区域让画面整体显得明暗不匀，有些杂乱，因此在"颜色"列表中选择"白色"，提高"黑色"的比例，以压暗该区域，可以看到该区域整体变暗了一些，背景整体变得更协调，如图 3-25 所示。

图 3-25

之前我们的调整针对的是整个画面，人物的皮肤、头发、衣服等部分的色彩随之发生变化，但这不是我们想要的。因为人物的色彩不能严重失真，所以我们需要将人物排除在调色区域之外。具体操作如下：

在"图层"面板中单击"背景"图层，打开"选择"菜单，选择"主体"，这样就为人物建立了选区，如图 3-26 所示。

图 3-26

59

在"图层"面板中单击选取颜色调整图层的蒙版，在工具栏下方将"前景色"设为黑色，然后按 Alt+Delete 组合键，为选区填充前景色，这就相当于用黑色遮挡了人物部分，从而还原出调色之前的人物效果，而其他区域则呈现调色之后的状态，如图 3-27 所示。

图 3-27

最后，我们可以观察调色前后的效果，分别如图 3-28 和图 3-29 所示。调色之前，画面整体色彩是有一些瑕疵的，比如背景中青色的房顶、背景中间高亮的光斑，以及偏青的栏杆；但调整之后，背景的整体色彩相近，明暗反差也不大，画面整体变得干净，更具高级感。这是通过可选颜色工具实现的调色效果。当然，结合黑、白蒙版对画面的局部进行限定能实现更好的效果。

图 3-28   图 3-29

60

3.5 通道混合器：难理解，但好用的工具

■ 利用通道混合器渲染色彩

下面介绍通道混合器的使用方法。

通道混合器是一种比较特殊的调色工具。与一般的调色工具不同，通道混合器的调色逻辑非常简单、直接，如果我们要对照片进行调色，想让照片偏向某种色彩，可以限定输出通道为该色彩，然后对其中的红色、绿色和蓝色分别进行调整，就可以增加或减少想要偏向的色彩，并且调整的幅度是非常大的。

下面通过一个具体案例来介绍通道混合器的使用方法。

将拍摄的 RAW 格式文件拖入 Photoshop，会自动载入 Camera Raw，如图 3-30 所示。

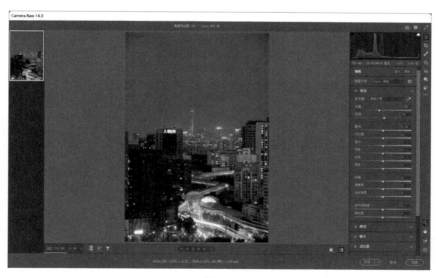

图 3-30

进入"基本"面板，对照片的影调进行初步的调整。

初步的影调调整主要是指提亮阴影，压暗高光，追回亮部和暗部的层次及细节，稍稍增加对比度，丰富画面的层次，提高清晰度，让景物更具质感，具体参数调整如图 3-31 所示。

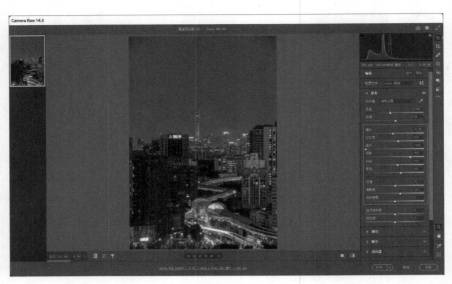

图 3-31

初步调整照片之后，在工具栏中选择"裁剪"工具，裁掉照片四周一些不想要的区域，确定裁剪范围之后，在保留区域内双击可以完成照片的裁剪，之后单击界面右下角的"打开"按钮，如图 3-32 所示，将照片在 Photoshop 中打开，创建通道混合器调整图层，如图 3-33 所示。

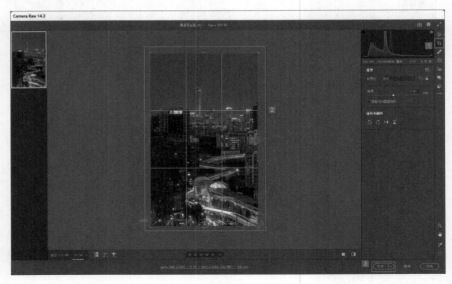

图 3-32

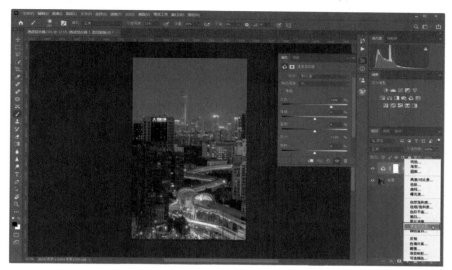

图 3-33

在通道混合器调整面板中可以看到"输出通道"列表中有"红""绿""蓝"3个通道，如图3-34所示，即我们可以让照片偏向这3种色彩，或降低照片中这3种色彩的比例。

当前的画面整体是有一些偏紫的，而我们想要让整个环境偏清冷一些，则要增加冷色调的面积。

大部分情况下，我们可以设定"输出通道"为"红"通道，如图3-35所示。

紫色中蓝色成分比较多，因此向左拖动"蓝色"滑块，可以看到画面整体变青变蓝。但按色彩互补原理，降低蓝的比例就相当于提高黄色的比例，此时画面却变得偏青、偏蓝，这是为什么呢？

图 3-34

这就涉及通道混合器最根本的调色逻辑。我们调整"红色""绿色"或"蓝色"滑块，改变的只是蓝色系像素中红色成分的比例。

本例中，向左拖动"蓝色"滑块，表示我们降低了蓝色系景物中红色的比例，而红色的互补色是青色，就相当于在蓝色系景物中提高了青色的比例，因此画面偏青、偏蓝。

图 3-35

　　接下来我们向左拖动"绿色"滑块，可以看到画面变得更偏青、偏蓝，这是因为我们降低了绿色系景物中的红色比例，相当于提高了红色的互补色——青色的比例，因此画面会变得更加偏青、偏蓝，如图 3-36 所示，这是通道混合器的调色逻辑。

图 3-36

　　当前画面过于偏青、偏蓝，偏色比较严重，其主要原因是高光区域，也就是暖色调部分也变得有一些偏青、偏蓝。要解决这个问题，我们可以向右拖动"红色"滑块，即增加高光区域的暖色调，可以看到画面中暖色调部分中的红色增加，青色、蓝色减少，画面整体色彩趋于正常，如图 3-37 所示。

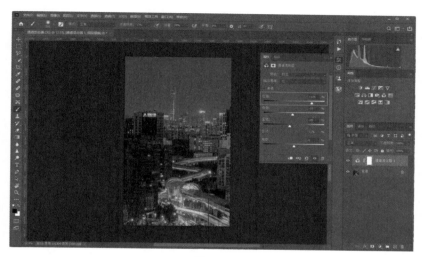

图 3-37

我们还可以微调"绿色"滑块和"蓝色"滑块，让暖色调部分的青色减少，如图 3-38 所示。此时画面整体的色调就变得均衡，即暗部区域偏青、偏蓝，而高光区域偏暖色调，画面整体色调有强烈的冷暖对比，画面显得比较干净。

图 3-38

最后我们对比调色前后的效果，可以看到原始照片整体呈现暖色调，如图3-39 所示；调整之后的照片则呈现出冷暖对比的效果，如图3-40 所示。

图 3-39

图 3-40

■ 利用三原色认识通道混合器工具

经过之前的学习，可能很多读者依然不太清楚通道混合器工具的调色原理和逻辑。

下面通过一个简单的案例再次进行介绍。

在 Photoshop 中打开三原色图，如图 3-41 所示。创建通道混合器调整图层，在打开的通道混合器调整面板中向右拖动"绿色"滑块，此时可以看到三原色图中原来的绿色变为了黄色，如图 3-42 所示，而其他色彩没有发生任何变化。我们提高绿色的比例，绿色会变为黄色，这是为什么呢？这是因为在绿色中增加的其实是上方"红"通道所对应的红色的比例，只要我们限定了某种输出通道，调整下方的任何色彩，改变的都是该色彩中输出通道对应的色彩的比例。那么向右拖动"绿色"滑块，就相当于在绿色系中增加红色，绿色加红色就得到黄色。

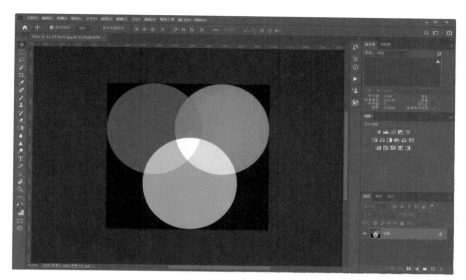

图 3-41

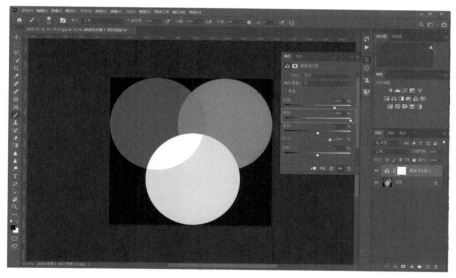

图 3-42

　　我们将"绿色"滑块恢复至原始状态，再将"蓝色"滑块拖到最左侧，此时可以看到蓝色没有发生变化，但蓝色与红色混合而成的洋红色部分变为了蓝色，如图 3-43 所示。这是因为蓝色系中的红色比例被降低到了 0，原本由蓝色和红色混合而成的洋红色中失去了红色，就只剩下蓝色了。

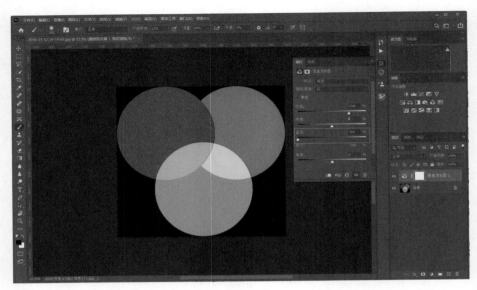

图 3-43

在通道混合器调整面板下方还有一个"常数"滑块，我们向右拖动"常数"滑块，可以看到图片整体偏红，这相当于为画面整体增加"红"通道对应的红色，如图 3-44 所示。而其他色彩与红色叠加，就会相应地发生变化。

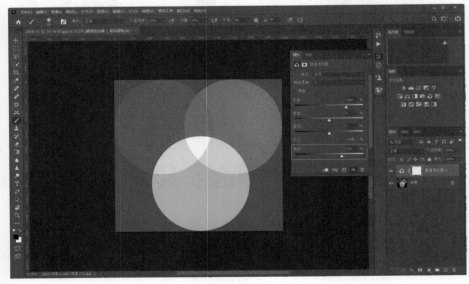

图 3-44

3.6 照片滤镜：快速为画面渲染色彩

下面介绍照片滤镜这种调色工具。这种调色工具用起来非常简单，我们选择不同的照片滤镜，就可以快速为画面渲染不同的冷色调、暖色调或其他一些特定的色彩。当然，通过照片滤镜渲染色彩的强度比通过通道混合器调色的强度弱一些。

下面通过具体的案例来介绍照片滤镜。

在 Photoshop 中打开要调整的照片，创建照片滤镜调整图层，此时在打开的照片滤镜调整面板中默认为画面添加了一种暖色调的滤镜，如图 3-45 所示。

图 3-45

在打开的照片滤镜调整面板中，展开"滤镜"列表，我们可以看到有 3 种暖色调滤镜、3 种冷色调滤镜，以及各种具体色彩的滤镜，如图 3-46 所示。我们在调色时从"滤镜"列表中选择相应的滤镜即可对照片进行色彩渲染。

比如对于当前这张照片，我们可使用青色的滤镜，画面整体会变得偏青，如图 3-47 所示。

图 3-46

图 3-47

　　前文提过，在对人像照片调色时，尽量不要让人物部分的色彩严重失真，因此我们在"图层"面板中单击"背景"图层，打开"选择"菜单，选择"主体"，将主体人物选择出来，如图 3-48 所示。

图 3-48

在"图层"面板中单击照片滤镜调整图层的蒙版，将"前景色"设为黑色，再按 Alt+Delete 组合键将人物部分填充为黑色，就相当于遮挡住了人物部分的调色效果，还原出人物部分原本的色彩，如图 3-49 所示。

图 3-49

如果感觉环境部分的调色强度过高，我们可以稍稍降低照片滤镜调整图层的"不透明度"，让调色效果显得更真实、自然一些，如图 3-50 所示。

图 3-50

71

最后我们对比调色前后的画面效果，可以看到调色之前环境部分整体偏暖色调，如图 3-51 所示；而调整之后环境部分的色调偏冷，如图 3-52 所示。

图 3-51

图 3-52

本节主要借助为画面渲染青色来讲解照片滤镜的使用方法，如果想为画面渲染其他色彩，大家可以自行尝试。

3.7 颜色查找：来自电影调色领域的 3D LUT

■ 认识 3D LUT

下面介绍 3D LUT 的使用方法。

3D LUT 来自电影调色领域，用于对视频整体进行调色，比较常见的调色效果是压暗高光，提亮阴影，避免出现高光和暗部的细节损失，并让画面整体有一种胶片的质感。

下面通过一个具体的案例来介绍 3D LUT 的使用方法。

在 Photoshop 中打开要调整的照片，创建颜色查找调整图层，如图 3-53 所示，在打开的颜色查找调整面板中，在中间位置可以看到"3D LUT 文件"列表，在展开的列表中可以看到有大量的 3D LUT 效果，如图 3-54 所示。

图 3-53

我们在其中任意选择一种调色效果，可以看到调色之前与调色之后的画面差别。调色之前画面整体对比度比较高，色彩比较真实，如图 3-55 所示；调色之后画面被渲染上了一种电影色调，暗部被提亮，高光得到压暗，整体色调显得更统一，画面显得更干净，有一种胶片的质感，如图 3-56 所示。

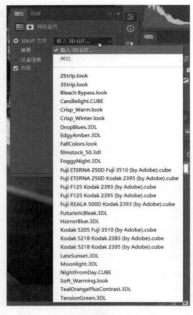

图 3-54

图 3-55

图 3-56

■ 如何使用第三方 3D LUT 效果

Photoshop 内置的 3D LUT 效果比较有限，有时我们可能需要使用一些第三方的 3D LUT 效果，就需要先在网上下载效果文件，再将其应用于我们要进行调色的照片。

具体使用时，在颜色查找调整面板中展开"3D LUT 文件"列表，选择"载入 3D LUT"，如图 3-57 所示，在打开的载入对话框中选择我们下载的第三方 3D LUT 效果，如图 3-58 所示，然后将下载好的第三方 3D LUT 效果文件载入就可以为照片渲染第三方 3D LUT 效果。

图 3-57

图 3-58

3.8 白平衡与色温：为照片定调

照片色彩严重失真大多数是相机白平衡设定错误引起的，对白平衡的调整是摄影后期非常重要且要优先进行的一个环节。接下来将简单介绍白色的作用、白平衡及色温的概念，再介绍白平衡调整的原理及操作技巧。

■ 白色的作用

先来看一个实例：将同样的蓝色圆分别放入黄色和青色的背景中，如图 3-59 所示，我们会感觉到不同背景中的蓝色圆是有差别的，为什么会这样呢？这是因为我们在看这两个蓝色圆时，分别以黄色和青色的背景作为参照，所以感觉上会有偏差。

红色、绿色、蓝色混合后会产生白色，如图 3-60 所示。通常情况下，人们需要以白色为参照才能准确辨别色彩。所谓白平衡，就是指以白色为参照来准确分辨或还原各种色彩的过程。如果在调整白平衡的过程中没有找准白色，由此还原的其他色彩就会出现偏差。

  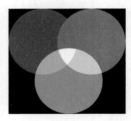

图 3-59 图 3-60

换句话说，无论人眼看物还是相机拍照，都要以白色为参照才能准确还原色彩，否则就会出现人眼无法分辨色彩或照片偏色的问题。

■ 相机中的白平衡功能

在不同的环境中，作为色彩还原标准的白色是不同的，例如在夜晚室内的荧光灯下，白色偏蓝一些，而在日落时分的室外，白色是偏红、偏黄一些的。如果在日落时分以纯白色或偏蓝的白色作为参照来还原色彩，就会出问题。

在不同的光线环境中拍摄时，画面中要有白色参照物，我们才能在拍摄的照片中准确还原色彩。为了方便用户使用，相机厂商将标准的白色放在不同的光线环境中进行记录，并内置到相机中，作为不同的白平衡标准（模式），如图 3-61 和图 3-62 所示。这样用户在不同的光线环境中拍摄时，只要设定对应的白平衡模式即可拍摄出色彩准确的照片。

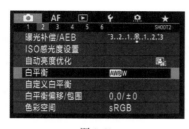

图 3-61　　　　　　　　　　　　　　　图 3-62

实际上，相机厂商只能提供几种比较典型光线环境中的白色，肯定无法记录所有光线环境中的白色，在没有对应白平衡模式的场景中，我们难道无法拍摄出色彩准确的照片吗？当然不会，相机厂商提供了 3 种方式帮助用户解决这个问题。

第一种是由相机自动进行白平衡，相应相机界面如图 3-63 所示。相机通过建立复杂的模型并计算，自行判断当前环境中的标准白色，从而还原出准确的色彩。

第二种是调整色温，相应相机界面如图 3-64 所示。色彩可以用温度来衡量，因为不同色彩的光线拥有不同的温度，又对应着一定的白色，因此我们可以认为色温与该场景的白色有对应关系。例如，室内白炽灯的色温为 2800K 左右，烛光的色温为 1800K 左右，那么在这两种光线环境下拍摄时，我们只要在相机中手动设定这个色温，相机就可以根据这个色温进行白平衡，从而准确还原色彩。

第三种是由用户自定义白平衡，相应相机界面如图 3-65 所示。面对光线复杂的环境时，我们可能无法判断当前环境的真实色温，此时可以找一张白卡或灰卡放到所拍摄环境中，用相机拍下白卡，这样就得到了该环境中的白色标准。有关于自定义白平衡的操作，可参见相机的说明书。

图 3-63　　　　　　　　　　图 3-64　　　　　　　　　　图 3-65

■ Photoshop 中的白平衡校正

在 Photoshop 中打开要进行白平衡较正的照片，可以看到当前的这张照片整体是偏暖的。首先创建曲线调整图层，如图 3-66 所示，在打开的曲线调整面板左侧可以看到 3 个吸管，中间的就是用于进行白平衡校正的吸管，如图 3-67 所示。

图 3-66

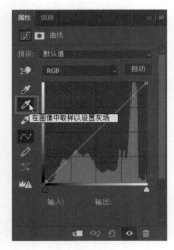

图 3-67

选中中间的吸管之后，将鼠标指针移动到照片中人物的面部皮肤上，单击后可以看到照片色调变冷，整体偏青蓝，如图 3-68 所示，这是因为我们单击取样的位置是暖色调的，软件就会以此为基准进行色彩还原，而当前的位置是偏暖色调的，因此软件就会让色调向冷色调方向偏移，以便让取色的位置变为不偏色的状态，画面整体就会偏冷色调。

如果我们在照片中偏冷色调的位置单击取样，软件就会让色调向暖色调方向偏移，如图 3-69 所示，同样无法实现准确的色彩还原。要进行比较准确的白平衡校正，我们需要在照片中查找中性灰的位置，也就是不偏色的位置，比如白色的衣物、黑色的头发、灰色的水泥地等，单击取样后，软件会以此进行色彩还原，从而校正照片的冷暖。

图 3-68

图 3-69

在图中我们标注出了一些可以用于色彩还原的位置，单击这些位置就可以对
照片进行准确的白平衡校正，如图 3-70 所示。

79

图 3-70

调整之后，我们对比调色前后的画面效果，可以看到原照片整体偏暖色调，如图 3-71 所示，调整之后色彩趋于正常，如图 3-72 所示。

图 3-71

图 3-72

除可以在 Photoshop 中进行白平衡校正之外，我们也可以在 Camera Raw 中进行白平衡校正。具体操作是，进入 Camera Raw，在"基本"面板中"白平衡"选项右侧选中"吸管工具"，也就是白平衡工具，然后在照片中寻找中性灰的位置进行单击，就可以对画面进行白平衡校正，如图 3-73 所示。这种校正的根本原理也是通过色温与色调的变化来实现照片色彩的还原的。

图 3-73

进行白平衡校正的关键就是找到中性灰的位置，而对于中性灰的位置的查找，我们知道一些地面、金属、墙体等本身就是灰色的，这是常识，在进行白平衡校正时找这些位置就可以了。用灰色吸管点击一次就可以进行一次白平衡校正，如果发现无法准确进行白平衡校正，那很简单，按 Ctrl+Z 组合键撤销即可（这里进行撤销操作是为了让照片恢复到原始状态，便于我们再次观察中性灰的位置。如果不撤销操作而直接用灰色吸管进行操作，虽然对最终的校色效果没有影响，但不便于观察）。然后再次进行操作，多尝试几次总能找到合适的位置。利用这种方法，最终我们找到的中性灰的位置可能不是完全准确，但能还原出令我们满意的色彩。

3.9 饱和度与自然饱和度

前文介绍过饱和度对于照片画面的影响，在实际的调色过程中，我们会发现饱和度与自然饱和度往往是一起出现的，二者有什么区别呢？

提高饱和度时，提高的是照片中所有色彩的浓郁程度，这样原本饱和度已经较高的色彩，其饱和度会继续变高，照片就会变得不自然；而提高自然饱和度时，提高的是照片中饱和度较低的色彩的饱和度，且不会再提高饱和度已经较高的色彩的饱和度，这样照片看起来就会更加自然，给人舒适的视觉感受。

降低饱和度时，照片中所有色彩的饱和度都会降低；降低自然饱和度时，照片中只有饱和度特别高的色彩的饱和度才会被降低。

创建自然饱和度调整图层，在打开的自然饱和度调整面板中可以看到"自然饱和度"和"饱和度"两个参数，如图 3-74 所示。

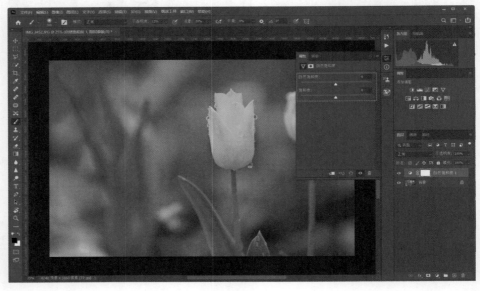

图 3-74

对于图 3-74 中的照片，我们首先将"饱和度"调整到最高，此时可以看到画面中所有色彩的饱和度都变得非常高，并且有一些色彩出现了溢出的问题，如图 3-75 所示。这是因为只要我们调整饱和度，画面中所有的色彩都会发生变化。

接下来，我们将"饱和度"调整到初始水平，再将"自然饱和度"调整至最高，此时照片的变化不是特别明显，特别是原本饱和度就比较高的绿色几乎没有变化，只有原本饱和度比较低的紫色等色彩变得更浓郁，如图 3-76 所示。这是因为提高自然饱和度时，提高的只是原照片中饱和度不是那么高的一些色彩的饱和度，而原本饱和度比较高的一些色彩是不会发生变化的；降低自然饱和度时，只会降低

82

原照片中饱和度比较高的一些色彩的饱和度，原照片中饱和度不是那么高的一些色彩则不会发生变化。

图 3-75

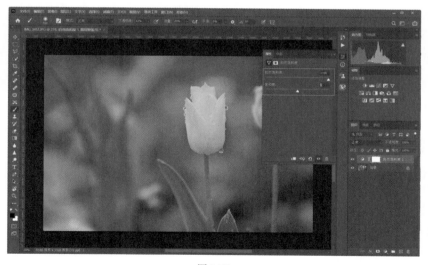

图 3-76

一般来说，风光摄影后期中，大多数情况下要调整自然饱和度，而不会大幅度地调整饱和度。

3.10 色相/饱和度：饱和度的调整技巧

与饱和度相关的，还有色相/饱和度调色功能。下面介绍色相/饱和度调色功能的基本使用技巧，第4章中将介绍色相/饱和度调色功能的高级使用技巧。

打开要处理的照片，创建色相/饱和度调整图层，如图3-77所示。

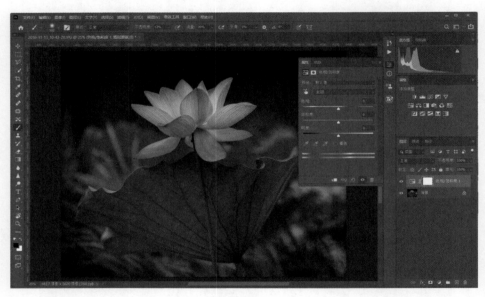

图 3-77

图 3-78

在打开的色相/饱和度调整面板中展开色彩下拉列表，可以看到"全图""红色""黄色""绿色""青色""蓝色""洋红"等选项，如图3-78所示。我们可以对相应色彩进行非常精准的调整，既可以改变这些色彩的色相，也可以改变这些色彩的饱和度，还可以改变这些色彩的明度，并且可以改变全图的色相、饱和度以及明度，从这个角度来说，色相/饱和度调色功能是非常强大的。

我们在色相/饱和度调整面板中选择"红色"，此时在下方可以看到两个色条，色条中间有4个滑块，切分出3个区域，中间的浅灰色区域就是我们选择的色彩，可以看到中间浅灰色区域对应的是比较准确的红色；两侧的深灰色区域对应的是红色与相邻色的过渡部分，如果调整时没有这种过渡，那么所调整的红色区域与周边区域就会出现色彩的断层，极不自然，因此一定要有这种过渡区域。

接下来进行调色，我们想要实现的效果是让画面中花朵之外的区域完全变为黑白状态，这时可以在色相／饱和度调整面板中单击"目标选择与调整工具"，然后将鼠标指针移动到背景中，按住鼠标左键向左拖动，就可以将所选位置对应色彩的饱和度降低。单击"目标选择与调整工具"之后可以看到，我们选择的其实是"黄色"，在面板下方的色条上也可以看到定位的区域属于黄色区域，与之相邻的是橙色以及绿色区域，如图 3-79 所示。

图 3-79

按住鼠标左键向左拖动之后可以看到，我们选择的色彩变成了黑白状态，可以看到上方的色条依然是彩色状态，下方的色条对应的区域变成了黑白状态，这说明上方的色条对应的是原始照片的色彩，下方的色条对应的是调整之后的色彩，如图 3-80 所示。

将"饱和度"降至最低之后可以看到，只有黄色以及部分黄绿色区域的饱和度降至最低，一些青色、青绿色区域的饱和度依然存在，如图 3-81 所示。这时我们要使青绿色区域的饱和度也降低，则要在下方的色条上单击点住这些滑块或分割的区域进行拖动，将其他想要改变饱和度的色彩也纳入进来，我们向右拖动右侧的过渡区域，将青绿色也纳入调整范围，可以看到整个背景就变成了黑白状态。

图 3-80

图 3-81

一直向右拖动右侧的深灰色区域，拖动到色条最右端后继续拖动，该区域就会在色条左侧出现，此时我们可以再次向右拖动该区域，尽量将青绿色、青色等色彩完全纳入调整范围，确保整个背景变为黑白状态，如图 3-82 所示。

具体调整时我们既可以直接拖动某些区域进行调整，也可以拖动某个滑块来改变区域的大小，进而实现调整效果，这就是色相／饱和度调色功能的基本使用方法。

图 3-82

3.11 照片"黑白"的正确玩法

在摄影出现后的近 100 年里，黑白摄影是主流，历史上曾经诞生过许多伟大的黑白摄影作品。如今，彩色摄影是主流，但仍然有许多资深摄影师喜欢用黑白的画面来呈现摄影作品，黑白并不会妨碍摄影作品艺术价值的体现。

即便在彩色摄影时代，黑白仍然是一种重要的摄影风格。我们在面临以下几种情况时，可以考虑将彩色照片转为黑白照片。

（1）在摄影师要表现的画面重点不需要用色彩来渲染，或者说色彩对主题的表现起不到正面促进作用时，就可以用黑白来表现。这样做可以弱化色彩带来的干扰，让观者更多关注照片内容或故事情节，还可以增强照片的视觉冲击力。

（2）有时候我们拍摄的照片，色彩非常杂乱，这显然与"色不过三"的摄影理念相悖，在这种情况下将照片转换为黑白状态，可以弱化色彩带来的杂乱感和无序感，让画面看起来整洁、干净。无论风光照片还是人像照片，在很多时候都需要滤去杂乱的色彩，由彩色照片转为黑白照片。这是一种不得不做的黑白转化，是让照片变为摄影作品的必要步骤。

（3）许多本身已经很成功的摄影作品，通过合理的手段转换为黑白状态，能够呈现出一种与众不同的风格，令人耳目一新。

对于彩色照片转为黑白照片，许多初学者的认识可能有误，很多时候他们只是简单地将照片色彩的饱和度扔掉了，同时扔掉了不同色彩的明度，最终导致转换后的黑白照片的层次感变得很差。

正确的做法应该是在将彩色照片转换为黑白照片时，根据画面明暗影调的需求，针对不同色彩做出有效设定，让明暗更契合照片表达的主题。例如，要将带有蓝色天空的照片转换为黑白照片，我们可以在扔掉蓝色的饱和度的同时降低蓝色的明度，这样蓝色天空就会变得更暗，更利于突出地面的主体。

下面通过具体的案例来介绍将彩色照片转换成黑白照片的正确做法。图 3-83 所示为本例使用的原图。

图 3-83

如果我们要将照片变为黑白状态，有一种比较直接的方法，即打开"图像"菜单，选择"调整"，再选择"去色"，可以将照片直接转为黑白状态，如图 3-84 所示。

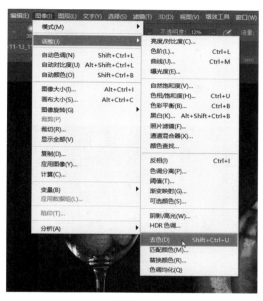

图 3-84

此时照片的明暗层次不太理想，可以看到原图当中比较明亮的香蕉、杧果等的色彩变为黑白状态之后，没有显示出应有的比较明亮的状态，画面层次感变弱了，如图 3-85 所示。

图 3-85

这种直接去色的方法并不理想，因为这个过程会导致照片丢失原有的明暗层次，并且没有办法调整。

接下来我们再来看另外一种方法，创建色相／饱和度调整图层，然后将全图的饱和度降到最低，如图 3-86 所示，得到的画面同样丢失了明暗层次，如图 3-87 所示，与去色的效果比较相近，也不是非常理想。

图 3-86

图 3-87

　　要想照片转换为黑白状态后非常理想的层次效果，比较好的方法是创建黑白调整图层，如图 3-88 所示，然后通过"预设"下拉列表，或是直接在下方的色条上进行调整。如果不进行调整，直接得到的黑白照片也不会有太理想的明暗层次，如图 3-89 所示。

图 3-88

图 3-89

　　接下来，我们展开"预设"下拉列表，在其中可以看到大量的黑白预设，这里选择"红色滤镜"，如图 3-90 所示，可以看到照片层次变得丰富起来，原照片

图 3-90

中红色含量比较高的黄色、红色等元素的亮度会非常高，这是运用红色滤镜后的效果，如图 3-91 所示。

如果我们选择"蓝色滤镜"，那么原照片当中蓝色系的元素的亮度就会非常高，这是应用不同黑白预设所实现的效果。

图 3-91

本例中，我们可以将香蕉、杧果、草莓这几种水果的亮度提得稍高一些，但不要太高，因此我们可以向左拖动"红色"与"黄色"滑块，即在原滤镜效果的基础上将滤镜强度稍稍降低一些，这时我们可以看到香蕉、杧果、草莓的亮度变低了一些，但整体依然比较高，并与深色的葡萄形成了明暗对比，最终得到的黑白照片的明暗层次就会更好一些，如图 3-92 所示。

图 3-92

本节以水果照片为例介绍了将照片转换为黑白状态的技巧，对于其他照片，大家可以自行尝试。

第 4 章

3 种实用的高级调色技巧

上一章介绍过色相/饱和度调色功能的一些基本用法，本章将介绍色相/饱
和度调色功能在调色中的高级应用技巧。

4.1 找到饱和度过高的区域，并调色

首先来看色相 / 饱和度调色功能的第一种高级用法：借助色相 / 饱和度调色功能查找照片中饱和度过高的位置，并降低这些位置的饱和度，让画面整体的饱和度趋向于协调，让画面看起来更加自然。

■ 借助常规方法降低饱和度

下面通过一个具体的案例进行介绍。首先在 Photoshop 中打开要处理的照片，可以看到照片中人物之外的部分有一些位置的饱和度是比较高的，这些位置与背景整体不太协调，饱和度的过渡不是特别自然。

按照传统的方法，我们可以创建一个色相 / 饱和度调整图层，如图 4-1 所示。

图 4-1

在打开的色相 / 饱和度调整面板左上角单击"目标选择与调整工具"，然后将鼠标指针移动到饱和度过高的位置，按住鼠标左键向左拖动可以降低所选位置所对应色系的饱和度，并且整个背景中同色系景物的饱和度都会降低，如图 4-2 所示。

图 4-2

图 4-3

这里存在一个明显的问题，就是背景中一些饱和度并不高的位置的饱和度也会降低，从而使得这些显得比较闷，所以这种方法虽然可以降低饱和度过高位置的饱和度，但整体效果并不是特别理想。

在"图层"面板中右击刚刚创建的色相/饱和度调整图层，在弹出的菜单中选择"删除图层"，将创建的色相/饱和度调整图层删掉，如图 4-3 所示。

■ 查找饱和度过高的位置

下面介绍如何快速定位并降低画面中饱和度过高位置的饱和度。

首先创建一个可选颜色调整图层，打开可选颜色调整面板，如图 4-4 所示，在"颜色"下拉列表中依次选择每一种颜色通道，即"红色""黄色""绿色""青色""蓝色""洋红"等，将这些颜色通道中"黑色"的比例降至最低，如图 4-5 至图 4-7 所示。

图 4-4

图 4-5

图 4-6

图 4-7

接下来，分别选择"白色""中性色""黑色"，将其中的"黑色"滑块拖到最右侧，如图 4-8 至图 4-10 所示。

此时照片会变为黑白状态，黑色的部分是饱和度比较低的位置，白色以及浅色的区域就是饱和度比较高的位置，亮度越高意味着饱和度越高，如图 4-11 所示。

97

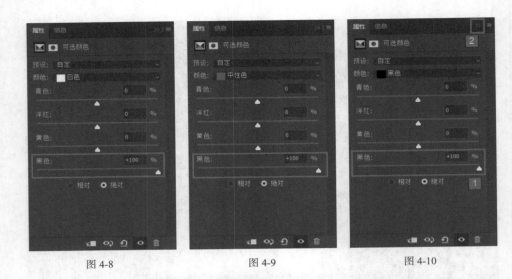

图 4-8　　　　　　　　　　　图 4-9　　　　　　　　　　　图 4-10

图 4-11

■ 在饱和度过高的位置降低饱和度

利用可选颜色调整图层查找饱和度过高的位置的方法比较机械，就是先创建可选颜色调整图层，然后将各颜色通道中"黑色"的比例降至最低，将影调通道中"黑色"的比例调到最高，这样就可以找到饱和度比较高的位置。该操作没有太多的原理可讲，我们只要将其记住即可。

按 Ctrl+Alt+2 组合键，此时画面中的高光区域被建立了选区，如图 4-12 所示，高饱和度位置就被选择出来了。

接下来单击可选颜色调整

图 4-12

图层前的小眼睛图标，隐藏这个调整图层，将照片转为彩色状态。

创建色相 / 饱和度调整图层（此时创建的色相 / 饱和度调整图层是针对高饱和度选区的），在色相 / 饱和度调整面板中降低"饱和度"的值，那么高饱和度区域的饱和度就降低了，这些区域与原照片中饱和度不高的区域就比较协调了，如图 4-13 所示。

图 4-13

如果感觉饱和度降低的幅度过大，我们可以稍稍降低色相 / 饱和度调整图层的"不透明度"，让调整效果更柔和一些，如图 4-14 所示。

图 4-14

  花朵部分的饱和度高一些能够起到很好的点缀作用，因此在工具栏中选择"画笔工具"，将前景色设为黑色，将画笔的"不透明度"和"流量"调到 50%，缩小画笔直径，在花朵位置涂抹，还原出花朵的饱和度，让花朵起到更好的点缀作用，这样画面整体的效果可能会更好一些，如图 4-15 所示，此时将照片保存即可。

图 4-15

我们可以对比调色前（图 4-16）和调色后（图 4-17）的画面效果，可以看到调色之后的画面背景更加协调自然，画面整体显得更干净。

图 4-16

图 4-17

■ 创建"饱和度检查"预设

本例中我们在创建可选颜色调整图层之后，要降低所有颜色通道中"黑色"的值，提高所有影调通道中"黑色"的值，共需对9个通道分别进行操作，比较烦琐。

因此，我们可以针对这种操作创建一种预设，每次就不必分别选择不同的通道进行操作，直接调用预设就可以一次性完成相应操作。

具体来说，就是我们可以为可选颜色的饱和度检查功能创建一个预设，后续使用时直接调用即可，这可以极大提高我们的效率。具体操作非常简单，双击可选颜色调整图层的"图层缩览图"即可展开可选颜色调整面板，如图 4-18 所示。

图 4-18

然后在面板右上角展开折叠菜单，在菜单中选择"存储可选颜色预设"，如图 4-19 所示，此时会打开"另存为"对话框，在其中我们将预设命名为"饱和度检查"，然后单击保存按钮，如图 4-20 所示。

图 4-19

102

保存之后，我们就可以在可选颜色调整面板的"预设"下拉列表中找到"饱和度检查"这个预设，如图 4-21 所示，后续在对其他照片进高饱和度检查时，直接调用即可。

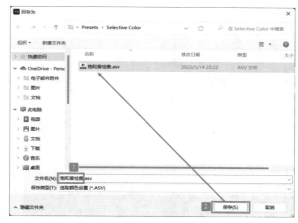

图 4-20 图 4-21

使用"饱和度检查"预设快速检查

下面通过一个具体案例来看如何使用"饱和度检查"预设，快速查找照片中饱和度过高的位置。打开图 4-22 所示的这张照片。

图 4-22

创建可选颜色调整图层，展开"预设"下拉列表，在其中选择"饱和度检查"，然后收起面板。此时可以看到，照片中饱和度较高的部分变为了高亮的状态，如图 4-23 所示，之后为高亮部分创建选区（按 Ctrl+Alt+2 组合键即可），如图 4-24 所示。

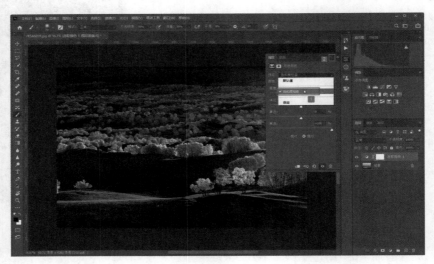

图 4-23

图 4-24

单击可选颜色调整图层前的小眼睛图标，隐藏这个图层，将照片转为彩色状态，创建色相 / 饱和度调整图层，这样我们就为选区，也就是饱和度较高的部分创建了调整图层；降低"饱和度"的值，这时我们可以看到照片中原本饱和度非常高的一些受光线照射的区域的饱和度被降了下来，这些区域与周边的一些区域的融合度更高，整体显得更加协调，如图4-25所示。

图 4-25

但此时画面整体显得有些闷，因此创建一个曲线调整图层，在曲线调整面板中拖出一条S形曲线，稍稍强化画面的反差，如图4-26所示，调整完毕将照片保存即可。

图 4-26

图 4-27

此时我们对比调整前（图 4-27）和调整后（图 4-28）的画面效果，可以看到调整之前近景中有一些受光线照射的树冠位置的饱和度是比较高的，这些位置与周边的融合度不是很高；调整之后，受光照射的树冠位置依然明亮，并且这些位置与周边的融合度很高，画面整体显得更干净。

图 4-28

4.2　找到丢色区域，并补色

我们可以查找照片中饱和度过高的位置，并进行精准的色彩调整，让画面色彩更协调。实际上，这种调色技巧可以拓展出另外一种用法，即查找照片中丢色的位置，并进行补色。所谓丢色，是指原本色彩应该比较均匀的区域中，某一些小的区域的饱和度过低甚至出现了没有色彩的问题，那么这片小的区域就是丢色区域。

■ 找到饱和度过高的区域

对于一般的风光摄影来说，丢色问题不会特别明显，但在人像摄影中，如果人物面部有丢色区域，人物的皮肤就会显得比较脏，需要进行补色。下面通过对一张人像照片进行补色为例，来介绍如何利用色相 / 饱和度调整功能找到丢色区域，再进行补色。

首先在 Photoshop 中打开相应的人像照片，如图 4-29 所示。

图 4-29

放大后我们可以看到人物的下巴、腮部后方，以及鼻梁部分的饱和度比较低，

图 4-30

出现了丢色的问题，如图 4-30 所示。对于这种情况，我们可以按照这样一种思路进行处理：先找到饱和度过高的区域，让照片中饱和度过高的区域高亮显示，饱和度正常的区域应该是灰色的，饱和度过低或没有色彩的区域应该是纯黑的；我们将高亮以及一般亮度的区域选择出来，然后进行反选，就选出了饱和度过低或没有色彩的区域，也就是丢色区域，再对丢色区域进行补色就可以了。

因此我们创建可选颜色调整图层，弹出可选颜色调整面板，如图 4-31 所示，在"预设"下拉列表中选择"饱和度检查"，这样照片转换为黑白状态，如图 4-32 所示，可以看到原本饱和度比较高的区域高亮显示，饱和度比较低的一些背景以及人物脸部的部分区域呈现黑色。

图 4-31

图 4-32

■ 强化反差，让丢色区域更精确

此时对于低饱和度区域的定位不是特别准确，即低饱和度区域不够黑，因此我们可以创建曲线调整图层，拖出幅度比较大的 S 形曲线，强化画面的反差，让人物面部的丢色区域变为更黑的状态，其他的一些区域则变得亮一些，如图 4-33 所示，这样有助于我们后续的选择。

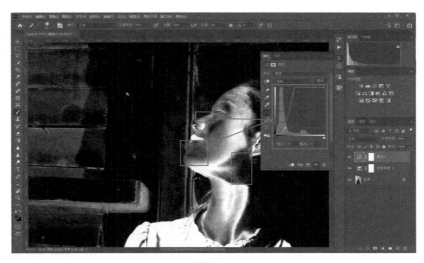

图 4-33

109

■ 选出丢色区域并补色

按 Ctrl+Alt+2 组合键，这样可以选择照片中高亮的一些区域，如图 4-34 所示。注意此时选择的高亮区域是高饱和度区域，我们需要打开"选择"菜单，选择"反选"，如图 4-35 所示，这样我们就选择出了低饱和度区域。

图 4-34

图 4-35

对于低饱和度区域，我们可以创建曲线调整图层。因为人物皮肤偏橙色，所以我们可以在打开的曲线调整面板中，通过增加红色、黄色来调出偏橙色的色彩。

因此我们要选择"红色"，将曲线向上拖动，增加红色，选择"蓝色"，将曲线向下拖动，相当于增加黄色，这样就调出了偏橙色的肤色；对于整体偏暗的问题，我们要选择"RGB"，稍稍向上拖动曲线以提亮整体，这样我们就为丢色区域调出了饱和度和明度合适的效果，如图 4-36 所示。

图 4-36

■ 确保只对丢色区域补色

此时的调色效果作用的区域比较大，背景也应用了这样的调色效果，因此我们需要将作用于背景的调色效果去掉。

这时我们可以单击选择"曲线 2"调整图层，然后按 Ctrl+G 组合键为其添加一个图层组，如图 4-37 所示。

按住 Alt 键单击"图层"面板底部的"创建图层蒙版"按钮，为图层组创建一个黑蒙版，这样我们就将所有的调色效果都遮挡了起来，如图 4-38 所示。

图 4-37

图 4-38

在工具栏中选择"画笔工具"，将前景色设为白色，适当提高画笔的"不透明度"和"流量"，在人物面部的丢色区域进行涂抹，还原出这些区域的补色效果，如图 4-39 所示，这样我们就完成了照片的调整。最后将照片保存即可。

111

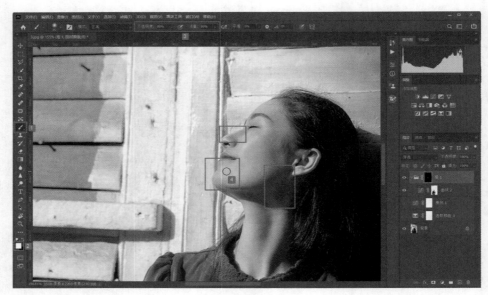

图 4-39

对比补色前（图 4-40）和补色后（图 4-41）的效果，可以看到人物的下巴以及鼻梁等部分的色彩得到了弥补，整体效果好了很多。

图 4-40

图 4-41

4.3 用色相/饱和度调色功能统一人物肤色

本节介绍色相/饱和度调色功能的另外一种非常重要的用法——统一人物肤色。

■ 修复饱和度过高的区域，让色彩协调

对于人像摄影照片来说，人物面部的肤色以橙色居多，但在实拍的画面当中，人物面部可能会出现色彩不均匀的情况，如有些位置偏黄或有些位置过度偏红，这会导致人物面部不够干净，影响画面最终的表现力。这时，我们需要对人物的肤色进行统一，让人物面部更干净。

下面以一张人像摄影照片的后期处理为例进行介绍。

在 Photoshop 中打开照片，创建可选颜色调整图层，如图 4-42 所示。

图 4-42

这张照片的背景中有些区域的饱和度特别高，对这些区域的饱和度进行适当降低，可以让画面整体显得更协调。展开"预设"下拉列表，选择"饱和度检查"，这样可以让高饱和度区域以高亮的状态显示，如图 4-43 所示。

113

图 4-43

按 Ctrl +Alt +2 组合键选择高饱和度区域，如图 4-44 所示。

图 4-44

　　为高饱和度区域创建色相 / 饱和度调整图层，降低"饱和度"的值，这样背景中饱和度过高的区域的饱和度就会被降低，背景整体显得更干净，画面整体更协调，如图 4-45 所示。

114

图 4-45

■ 修复肤色不统一的问题

放大人物照片，定位到人物面部，可以看到腮部中间位置是偏红的，但是鼻梁与眼睛之间的区域、上嘴唇与鼻子之间的区域都有些偏黄，这就导致人物面部的肤色不统一，如图 4-46 所示。

图 4-46

115

因此我们可以再创建一个色相/饱和度调整图层，在色相/饱和度调整面板中选择"红色"，因为我们想要先调整人物腮部中间的红色，所以稍稍向右拖动"色相"滑块，可以看到人物腮部中间的红色减少，开始呈现一定的黄色，如图 4-47所示。

图 4-47

与此同时，画面其他部分的色彩也会变黄，而实际上我们只想要腮部中间的位置变黄，这时我们可以按 Ctrl+I 组合键将蒙版进行反相，遮挡调色效果。再单击黑蒙版，在工具栏中选择"画笔工具"，将前景色设为白色，将"不透明度"与"流量"设定为 50%，缩小画笔直径，在人物腮部中间的位置进行涂抹，还原出腮部中间位置的调色效果，这样人物腮部中间的肤色就与其他位置的肤色变得较为一致，如图 4-48 所示。

对于人物鼻梁与眼睛之间的区域、上嘴唇与鼻子之间的区域过于偏黄的问题，我们再次创建一个色相/饱和度调整图层，在调整面板中稍稍向左拖动"色相"滑块，可以看到偏黄的区域开始偏红，这些区域的肤色与人物面部其他区域的肤色更加相近，如图 4-49 所示。

这种调整虽然能够让偏黄的肤色趋于正常，但原照片其他的区域也变得偏红，这显然不是我们想要的效果。

116

图 4-48

图 4-49

这时我们就可以按 Ctrl+I 组合键将蒙版进行反相，遮挡调色效果，然后选择"画笔工具"，将前景色设为白色，将"不透明度"与"流量"设为 50%，在鼻梁与眼睛之间的区域、上嘴唇与鼻子之间的区域进行涂抹，将这些区域的调色效果还原出

117

来，如图 4-50 所示。

图 4-50

这样，我们就将肤色统一完毕。此时可以对比原图与调色之后的画面，可以看到原图中腮部中间位置偏红，鼻梁与眼睛之间的区域、上嘴唇与鼻子之间的区域偏黄，人物面部肤色不统一，如图 4-51 所示；调色之后，人物面部肤色更加统一协调，画面效果好了很多，如图 4-52 所示。

图 4-51

图 4-52

这种统一肤色的处理，有两个关键点。

第一，照片偏什么颜色，调整时应该选择相应的颜色通道，这样的调整会更准确，也更便于观察。如果选择对全图进行调整，其他区域的色彩也会发生变化，虽然后续我们通过添加黑蒙版和使用"画笔工具"涂抹的方式，能够起到统一肤色的作用，但是这不便于我们在前期调整时观察。

第二，"色相"滑块向左还是向右拖动，没有必要强行记忆，实际调整时试一下就可以了。此外，"色相"滑块的拖动幅度非常小，一般在 -5~+5 这个范围内。

第 5 章

四大常用色彩模式的概念及应用

本章介绍四大常用的色彩模式的概念及其在摄影后期中的一些实际应用。这四大模式分别为 HSB 模式、RGB 模式、Lab 模式和 CMYK 模式。

5.1 HSB 色彩模式

HSB 色彩模式其实就是以色彩三要素为基础构建的，其中 H 为 Hue，指色相；S 为 Saturation，指饱和度或纯度；B 为 Brightness，指明度。

查看色彩模式时，在 Photoshop 主界面，单击工具栏中的前景色或背景色，可以打开相应的"拾色器"对话框，如图 5-1 所示。在其中可以看到对话框右下角显示了四大色彩模式：HSB 模式、RGB 模式、Lab 模式和 CMYK 模式。

图 5-1

首先来看第一种，也就是 HSB 模式。对话框中间的色条显示了不同的色相，上下拖动两侧的三角标，可以改变色相，如图 5-2 所示。在左侧的方形色彩区域内可以改变所选择色相的饱和度、明度这两项参数。

在右侧我们可以观察 H、S、B 这3 个参数，比如我们将三角标拖动到接近色条最上方的位置，可以看到色相变

图 5-2

为了 349 度，如图 5-3 所示。色条实际上就是将色环（图 5-4）展开所得到的。色相的位置依然是以角度进行标注的。色条最下方为 0 度，逐渐向上过渡到 360 度，实际上 360 度对应的色相和 0 度对应的色相是一致的。

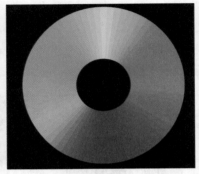

图 5-3   图 5-4

我们定位到最上方的纯红色，可以看到色相为 0 度，在左侧的色块上中性灰的位置单击，在右侧的参数面板中可以看到红色的饱和度和明度均为 50%，设定好之后单击"确定"按钮，如图 5-5 所示。这就相当于设定了前景色的色彩，如图 5-6 所示。

图 5-5   图 5-6

当然我们也可以为前景色或背景色设定其他色彩。

5.2 RGB 色彩模式

RGB 色彩模式是一种加色模式，关于加色与减色的知识，本章最后将进行详细介绍。

依然选择红色色相，将鼠标指针移动到方形色彩区域的左下角，此时在右侧可以看到"R""G""B"的值均为 0，如图 5-7 所示，这意味着将它们的值调到最低并且混合之后的颜色是黑色。

将"R"的值调到 255，可以在方形色彩区域中看到定位的位置为纯红色，并且其饱和度和明度都是最高的。与此同时，"G"和"B"的值均为 0，如图 5-8 所示。

图 5-7

图 5-8

将鼠标指针定位到方形色彩区域的左上角，即白色的位置，此时可以看到"R""G""B"的值均为 255，如图 5-9 所示，这意味着三原色叠加可以得到白色。图 5-10 也再次说明了 RGB 色彩模式是一种加色模式。

图 5-9

图 5-10

123

5.3 Lab 色彩模式

■ Lab 色彩模式调色的优劣

我们在计算机上看到的照片大多采用 RGB 色彩模式，几乎很难看到采用 Lab 色彩模式的照片。

Lab 色彩模式是一种基于人眼视觉原理而提出的色彩模式，理论上它概括了人眼所能看到的所有颜色。在长期的观察和研究中，研究人员发现人眼一般不会混淆红色和绿色、蓝色和黄色、黑色和白色这 3 组颜色，这使研究人员猜测人眼中或许存在某种可以分辨这几种颜色的机制。于是有人提出可将人的视觉系统划分为 3 条颜色通道，分别是感知颜色的红绿通道和蓝黄通道，以及感知明暗的明度通道。这种理论很快得到了人眼生理学的证据支持，从而得以迅速普及。经过研究，人们发现如果人的视觉系统缺失了某条通道，就会产生色盲现象。

1932 年，国际照明委员会依据这种理论建立了 Lab 颜色模型，后来 Adobe 将 Lab 颜色模型引入了 Photoshop，将它作为色彩模式置换的中间模式。因为 Lab 色彩模式的色域最宽，所以其他色彩模式置换为 Lab 模式时，颜色几乎没有损失。在实际应用中，我们在将设备中的 RGB 色彩模式的照片转为 CMYK 色彩模式的照片时，可以先将 RGB 色彩模式转为 Lab 色彩模式，这样几乎不会损失颜色细节，然后从 Lab 色彩模式转为 CMYK 色彩模式。这也是之前很长一段时间内，影像作品印刷前的标准工作流程。

而当前，在 Photoshop 中我们可以直接将 RGB 色彩模式转换为 CMYK 色彩模式，用 Lab 色彩模式进行过渡这一操作在系统内部自动完成了，我们看不见这个过程。当然，转换色彩模式可能会导致色彩失真，需要我们进行校正。

用一种比较通俗的说法来描述就是：RGB 色彩模式下，调色后色彩会变化，色彩的明度也会变化，这样某些色彩变亮或变暗后，可能会让调色后的照片损失色彩、明暗细节。

下面以一个案例进行说明。打开图 5-11 所示的照片。

图 5-11

将照片调黄，因为黄色的明度非常高，可以看到很多部分因为色彩明度的变化损失了一些细节的，如图 5-12 所示。而如果在 Lab 模式下调整，因为色彩与明度是分开的，所以将照片调黄后，是不会出现明暗细节损失的，如图 5-13 所示。

图 5-12

图 5-13

在 Lab 色彩模式下进行调色的效果非常好，但这种色彩模式也有明显的问题。在 Lab 色彩模式下，很多的功能是无法使用的，如黑白、自然饱和度等，另外，还有很多 Photoshop 滤镜也无法使用。

使用 Lab 色彩模式时，打开"图像"菜单，在"调整"子菜单中我们可以看到很多功能变为了不可用状态，如图 5-14 所示。

图 5-14

分别在 RGB 和 Lab 色彩模式下选择"色彩平衡",打开"色彩平衡"调整面板。可以看到 RGB 色彩模式下的调整面板（图 5-15）与 Lab 色彩模式下的调整面板（图 5-16）有很大区别。

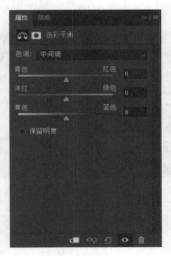

图 5-15

图 5-16

■ Lab 色彩模式在当前的主要应用

图 5-17 所示的这张照片我们已经进行过初步的处理，现在将其在 Photoshop 中打开。

126

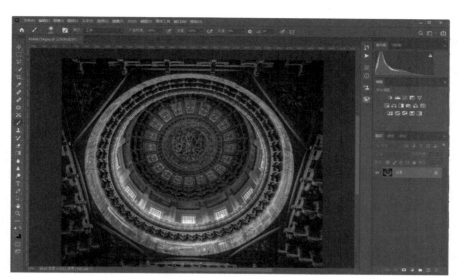

图 5-17

　　放大照片观察局部，可以看到照片的锐度并不是特别高，如图 5-18 所示。

　　这时，打开"图像"菜单，选择"模式"—"Lab 颜色"，如图 5-19 所示，可以将当前照片的色彩模式转为 Lab 色彩模式，从照片的标题中可以看到照片应用的色彩模式。

图 5-18

图 5-19

　　接下来按 Ctrl+J 组合键复制一个图层，如图 5-20 所示。

　　打开"图像"菜单，选择"调整"—"去色"，如图 5-21 所示，对上方转为 Lab 色彩模式的图层进行去色，将其变为黑白状态。

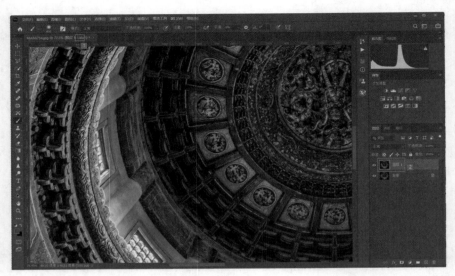

图 5-20

图 5-21

这样，我们对黑白照片的处理不会影响到色彩信息，处理的只是明暗信息。
打开"滤镜"菜单，选择"其他"，选择"高反差保留"，如图 5-22 所示，打开
"高反差保留"对话框，在其中将"半径"设为 1.0 像素，一般来说将半径设为
1.0~3.0 像素均可。

128

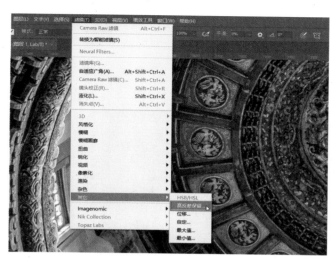

图 5-22

此时观察照片中灰度图的状态，如果在灰度图中能够明显看出景物的轮廓，那么这个半径值就是可以的。此时如果继续增大半径值，有可能导致许多非高反差区域也会显示出来。

设定好之后单击"确定"按钮返回，如图 5-23 所示，这样我们就相当于在照片上叠加了一层景物的轮廓信息。

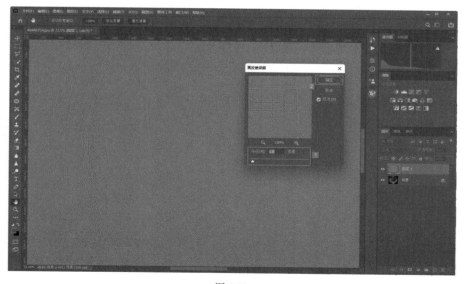

图 5-23

此时照片依旧是黑白状态，将图层混合模式改为"叠加"，可以看到照片变为彩色状态，如图5-24所示，这就相当于我们通过"高反差保留"检查出照片中一些明显的轮廓，再将这些轮廓叠加到原照片上，从而强化轮廓，让照片的清晰度得到提升。

图 5-24

这种调整只是强化了照片的明暗信息而不会使色彩有任何的损失。最后我们可以放大照片的局部，对比强化反差之前（图5-25）和之后（图5-26）的效果，可以看到强化反差之后画面的锐度明显提高。

图 5-25

图 5-26

这种高反差保留的锐化技巧在建筑类摄影中比较常用。

130

如果感觉使用"叠加"这种图层混合模式使得画面的锐度过高,我们可以将"叠加"这种图层混合模式改为"柔光",如图 5-27 所示。

图 5-27

如果依然感觉锐度过高,可以适当降低上方高反差保留图层的"不透明度",让强化反差的效果更柔和,画面整体的效果更自然,如图 5-28 所示。

图 5-28

调整完成之后，用鼠标右键单击"背景"图层的空白处，在弹出的菜单中选择"拼合图像"，如图 5-29 所示，将图层拼合起来。打开"图像"菜单，选择"模式"，选择"RGB 颜色"，将照片的色彩模式转为 RGB 色彩模式，如图 5-30 所示，再将照片保存就可以了。

图 5-29　　　　　　　　　　　　　　　　　　图 5-30

5.4 CMYK 色彩模式

■ 认识 CMYK 色彩模式

　　下面介绍 CMYK 色彩模式的概念以及特点。

　　打开"拾色器"对话框，在右下角可以看到 CMYK 色彩模式的参数信息，如图 5-31 所示。

　　所谓 CMYK，是指三原色的补色，再加上黑色，一共 4 种颜色，分别为红色的补色青色，英文为 Cyan，取首字母 C；绿色的补色洋红，英文为 Magenta，取首字母 M；蓝色的补色黄色，英文为 Yellow，取首字母 Y；黑色，英文为 Black，为了与首字母为 B 的蓝色相区别，这里取字母 K。

在RGB色彩模式下，三原色叠加可以得到白色，这是一种加色模式；C、M、Y、K这几种色彩的颜料印在纸上，最终叠加出黑色，如图5-32所示，会呈现出越叠加越黑的效果，这被称为减色模式，主要用于印刷领域。

图 5-31

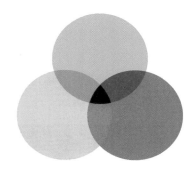
图 5-32

单色黑与四色黑

下面讲解单色黑与四色黑的知识。

首先我们在"拾色器"对话框的右下角将"K"值，也就是黑色的值设定为100%，但观察左侧的方形色彩区域，可以看到黑色并没有变为纯黑色，如图5-33所示，也就是说这种单色的黑其实并不够黑，印刷出来也是不够黑的。

我们将"C""M""Y""K"这4个参数的值都设定为100%，这时才能得到更黑的效果，如图5-34所示。

图 5-33

图 5-34

当然，印刷时设定为四色黑会更费油墨一些，但效果更好。

■ RGB 色彩模式转为 CMYK 色彩模式后的调整

后期处理的照片如果涉及印刷，我们就需要将照片转为 CMYK 色彩模式。

照片由 RGB 色彩模式转为 CMYK 色彩模式时，其整体饱和度会变低，对比度也会变低，画面整体会变得灰蒙蒙的，不够理想。

通常情况下，照片转为 CMYK 色彩模式之后，我们要对照片进行简单的调色，让照片变得好看一些。

比如下面这张照片，将其在 Photoshop 中打开，我们可以看到它是 RGB 色彩模式的，如图 5-35 所示。

图 5-35

打开"图像"菜单，选择"模式"，选择"CMYK 颜色"，将照片转为 CMYK 色彩模式，如图 5-36 所示，准备对照片进行印刷。

此时软件会弹出提醒框，直接单击"确定"按钮即可，如图 5-37 所示。

照片被转为 CMYK 色彩模式，我们在照片标题中可以看到"CMYK"字样，此时会发现照片的通透度下降，色彩表现力变差，如图 5-38 所示。

图 5-36

图 5-37

图 5-38

通常情况下，我们在这时要借助色阶调整图层对照片的对比度进行提升，如图 5-39 所示，优化照片的影调层次；接下来通过色相／饱和度调整面板稍稍提高照片的饱和度和明度，让照片整体的效果更好一些，如图 5-40 所示。

实际上，将照片转为 CMYK 色彩模式之后，我们很难再将照片恢复为 RGB 色彩模式的色彩效果，只能尽量优化照片效果，让照片整体更鲜亮、更好看。这是照片在进行印刷之前需要进行的处理，也是我们需要对 CMYK 色彩模式进行的一些基本了解。

图 5-39

图 5-40

136

5.5 实战中的加色与减色

本节介绍后期处理中比较重要的一个知识点——加色与减色的知识。

■ RGB 色彩模式与 CMYK 色彩模式——加色模式与减色模式

首先我们打开三原色图，可以看到在 RGB 色彩模式下，三原色叠加后会得到白色，如图 5-41 所示，也就是越叠加越亮，因此这种模式是加色模式。在 CMYK 色彩模式下多种颜色越叠加越暗，如图 5-42 所示，因此这种模式是减色模式。

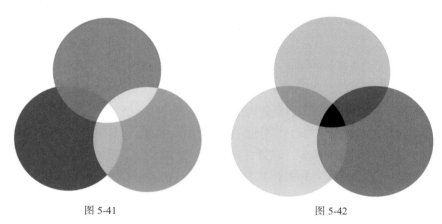

图 5-41　　　　　　　　　　　　　　　　图 5-42

其实我们能看到在减色模式下，C、M、Y 这 3 种色彩两两叠加可以得到三原色；在 RGB 色彩模式下，三原色两两叠加可以得到 C、M、Y 这 3 种颜色，这是它们的相互关系。

实际上在此我们可以得出一个很多人可能都会忽视的结论，就是在后期处理时，如果我们在照片中添加三原色，那么照片会变亮；如果我们在照片中添加 C、M、Y 这 3 种颜色，那么照片整体会变暗。因此在调色时，我们要注意加色与减色模式对于照片明暗的影响。

■ 加色与减色的调色对比（1）

下面我们通过具体的案例来看加色与减色模式对于照片明暗的影响。首先来看第一个案例，在 Photoshop 中打开图 5-43 所示的这张人像照片。

图 5-43

我们想要让背景中的黄色比例减少一些，可以创建可选颜色调整图层，将颜色通道设为"黄色"，然后提高"青色""洋红"的比例，就相当于降低红色和绿色的比例，也就是降低了黄色的比例。

此时可以看到背景中黄色的比例得到了极大的降低，但如果我们观察画面，会发现背景整体变暗了很多，如图 5-44 所示。这就验证了前文所讲的知识点，即为照片添加 C、M、Y 这 3 种颜色，照片会变暗。

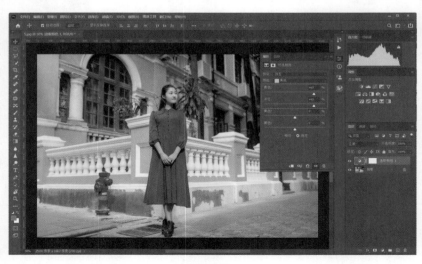

图 5-44

138

　　要减轻黄色，我们也可以通过拖动"黄色"滑块来实现，因此我们先将"青色"滑块和"洋红"滑块恢复到原始位置，然后向左拖动"黄色"滑块，可以看到照片中的黄色得到减轻。

　　我们观察画面可以发现，减轻黄色后的画面明显比减轻红色与绿色后的画面要更亮一些，如图 5-45 所示，为什么呢？原因非常简单，降低黄色的比例就相当于提高蓝色的比例，再次验证了前文提出的结论，即在照片中增加三原色，照片会明显变亮。

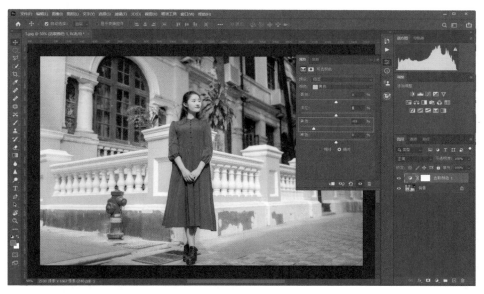

图 5-45

　　因此如果我们想要得到黄色的饱和度降低，但照片明暗基本不发生变化的效果，可以适当提高"青色"和"洋红"的比例；为了避免照片变暗，可以适当降低"黄色"的比例。这样我们就通过减色和加色的同时调整，维持了背景的亮度不变，如图 5-46 所示。

　　这也是我们为什么看到很多优秀摄影师调色时，明明只调整一种参数就可以实现调色效果，他却要调整多种参数，其主要目的就是通过加色与减色的综合调整，让照片在发生色彩变化的同时，维持原有的亮度。

　　接下来我们隐藏之前创建的可选颜色调整图层，创建一个色彩平衡调整图层，如图 5-47 所示。从色彩平衡调整面板中观察加色与减色效果会更直观一些。

图 5-46

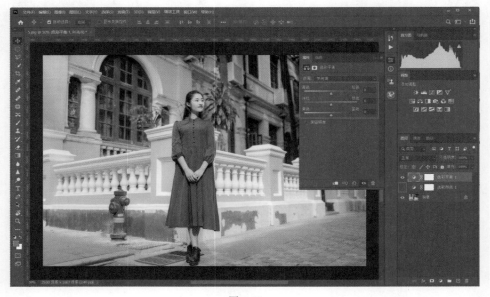

图 5-47

首先向左拖动"青色"滑块和"洋红"滑块，提高青色和洋红的比例，这明显是一种减色调整，我们可以看到画面整体变暗，如图 5-48 所示；隐藏色彩平衡调整图层，创建曲线调整图层，在曲线调整面板中向下拖动绿色曲线和红色曲线，这相当于提高洋红和青色的比例，画面也会整体变暗，如图 5-49 所示。

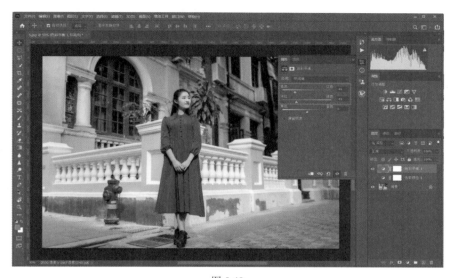

图 5-48

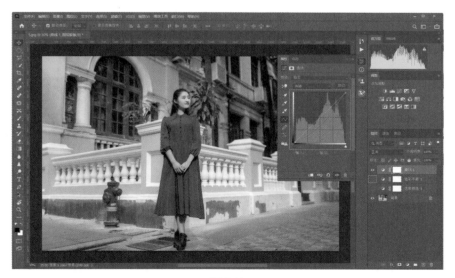

图 5-49

如果分别向上拖动 3 条色彩曲线，也就是提高绿色、红色和蓝色的比例，画面会明显变亮，如图 5-50 所示。

图 5-50

由这几种调色的过程，我们再一次熟悉了加色与减色模式对照片明暗的影响。

■ 加色与减色的调色对比（2）

接下来我们看另外一个案例，打开图 5-51 所示的这张照片，可以看到远景中的一些蓝色的饱和度非常高。我们在这里要降低这种蓝色的饱和度，并且不影响远景的亮度。

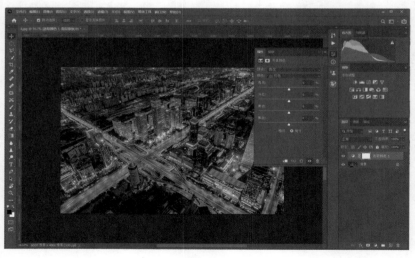

图 5-51

首先我们创建可选颜色调整图层,在"颜色"下拉列表中选择"蓝色",提高"黄色"的比例,如图 5-52 所示,就相当于降低蓝色的比例,即色彩向减色的方向偏移,这时我们可以看到远处的背景明显变暗了一些。

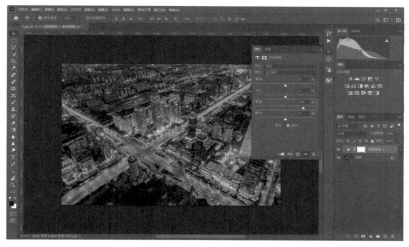

图 5-52

为了使远景的明暗不发生较大变化,我们可以将"黄色"的比例少提高一些,然后降低"青色"和"洋红"的比例,就相当于提高红色与绿色的比例,即向加色方向调整,从而起到让照片变亮的作用,如图 5-53 所示。

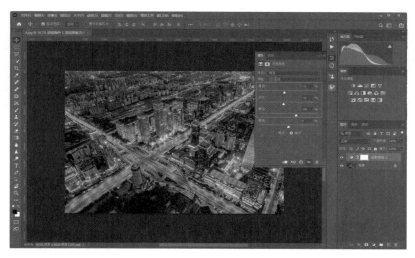

图 5-53

图 5-54

最终减色和加色的效果叠加，起到了让远景中蓝色的饱和度降低的作用，并且维持了远景的亮度。这是加色与减色模式综合应用所得到的效果。

最后对比调整前（图 5-54）和调整后（图 5-55）的画面效果，我们可以发现蓝色的饱和度降低，但画面明暗基本没有变化。

图 5-55

144

第 6 章

Camera Raw 修片技法

本章通过两个具体案例来讲解利用 Camera Raw 进行修片的技巧，最后分析如何选择 Camera Raw 与 Photoshop 进行修片，以及如何将 Camera Raw 与 Photoshop 结合起来对照片进行全方位的精修。

6.1 雪山夜景：Camera Raw 全局与局部修片

图 6-1

首先来看第一个案例，原始照片如图 6-1 所示，这是一张雪山夜景照片，我们从中可以看到天空中有明亮的星星，而月光受到云雾的散射和遮挡，画面亮度不是特别高，地景部分曝光严重不足，几乎是漆黑一片。经过调整，地景的暗部显示出了更多的细节和层次，画面的色彩更纯净，整体效果变得好了很多，如图 6-2 所示。

本张照片的精修过程是在 Camera Raw 中完成的。

图 6-2

■ 光学：校正色差、畸变与暗角

下面介绍在 Camera Raw 中进行修片的全过程技巧。

将拍摄的 RAW 格式文件拖入 Photoshop，文件会自动载入 Camera Raw，如图 6-3 所示。

图 6-3

在 Camera Raw 右侧展开"光学"面板，在其中勾选"删除色差"和"使用配置文件较正"这两个复选项，如图 6-4 所示。"删除色差"用于修掉照片中明暗高反差结合部位的紫边或绿边，这张照片中月光照亮的明亮天空与背光的山体结合部位就是明暗高反差边缘，肯定会有一些彩边，勾选"删除色差"可以将其修掉。勾选"使用配置文件校正"可以对照片四周的几何畸变进行校正，并修复照片四周的一些暗角。

图 6-4

147

如果感觉修复过度，可以在下方通过左右拖动"扭曲度"滑块进行恢复或强化，校正几何畸变的效果；调整"晕影"参数则可以恢复或强化暗角效果，本例中没有必要对此进行过多调整，保持默认即可。

■ 基本：照片的基本调整与定调

接下来切换至"基本"面板，在其中单击"自动"，如图 6-5 所示，由软件自动对照片的影调及色感进行处理，此时我们可以看到暗部呈现出了更多细节，天空的高光得到压缩。

图 6-5

但暗部细节仍然不够理想，并且画面整体的层次感偏弱，因此再次稍稍提高"曝光"的值，让照片整体明亮一些；提高"对比度"的值，强化照片反差，让画面的层次更丰富；为了避免高光溢出，降低"高光"的值；提高"阴影"的值，继续恢复暗部的细节。此时我们可以看到画面的细节明显更加丰富，如图 6-6 所示。

调整之后，画面整体有些过于柔和，我们可以提高"纹理"和"清晰度"的值，强化画面的轮廓感，让画面整体显得更清晰、更具质感；对于饱和度过高的问题，我们可以将"自然饱和度"和"饱和度"的值恢复为默认水平，如图 6-7 所示。

图 6-6

图 6-7

■ 瑕疵修复：修掉照片上的污点或干扰物

此时，观察画面中的天空可以看到一些污点。在工具栏中选择"污点修复工具"，在天空中的污点上单击，如图 6-8 所示。

图 6-8

■ 混色器：Camera Raw 的核心调色工具

对照片的影调细节进行调整过后，我们要对照片进行调色。

本例对于色彩的调整主要在"混色器"面板中完成。切换至"混色器"面板，再切换到"色相"子面板，在其中首先将"紫色"滑块向左拖动，让紫色向蓝色的方向偏移，此时天空中一些偏紫的、不够纯净的区域开始偏蓝，与其他区域的天空色彩更加相近，画面整体更通透，如图 6-9 所示。

对于风光题材的照片来说，我们往往要使紫色向蓝色方向偏移，让画面整体更纯净、更通透。

接下来对月光周边有些过度偏黄的区域进行调整。我们将"黄色"滑块向左拖动，让月光部分的色彩更加纯净；将"红色"滑块向右拖动。此时我们可以看到整个月光部分的色彩变得纯净了很多，如图 6-10 所示。

天空及左下角的地景部分的蓝色及紫色的饱和度还是比较高，因此切换到"饱和度"子面板，向左拖动"蓝色"和"紫色"滑块，降低蓝色和紫色的饱和度，让天空和地景部分不会出现饱和度过高的问题，如图 6-11 所示。

150

图 6-9

图 6-10

图 6-11

对于天空及月光部分亮度过高的问题，我们切换到"明亮度"子面板，向左拖动"黄色"和"蓝色"滑块，降低黄色和蓝色的明亮度，让夜空变得暗一些，这样才更有夜景的氛围，如图 6-12 所示。否则天空太亮，画面会缺少夜景的静谧氛围。

图 6-12

■ 蒙版：局部调整与优化

画面整体的影调及色彩调整完毕，我们准备对照片进行局部的调整和优化。实际上局部调整才是照片调整的核心。

对于本张照片，我们可以看到地景左下角偏紫的问题没有得到完全解决。因此在工具栏中单击"蒙版"按钮，在展开的菜单中选择"画笔"，如图6-13所示。

图 6-13

调整画笔的大小，将"羽化"的值提高到最高，适当提高"流动"以及"浓度"的值；对于颜色来说，提高"色温"的值，让蓝色向偏黄的方向发展，降低"色调"的值，让偏洋红的色彩像偏绿的方向发展；然后用画笔在照片左下角进行涂抹，如图6-14所示。

这时我们可以看到原本偏紫的色彩得到一定程度的校正，如图6-15所示。

图 6-14

图 6-15

　　如果感觉依然存在偏紫的问题，我们可以在右侧的面板中调整各个参数。降低"曝光""高光""饱和度"的值，让照片左下角整体变暗一些。这时我们可以看到偏紫的问题得到了彻底的解决。最后在工具栏上方单击"编辑"按钮退出局部工具，如图 6-16 所示。

图 6-16

　　在"基本"面板中，再次调整"曝光"和"对比度"的值，让画面整体的效果更协调一些。对于照片下方出现了背包的穿帮问题，我们可以在 Photoshop 中进行瑕疵修复。单击"打开"按钮，如图 6-17 所示。

图 6-17

■ 在 Photoshop 中调整，并完成处理

将照片在 Photoshop 中打开，在工具栏中选择"套索工具"，圈出我们想要修复的穿帮的背包，打开"编辑"菜单，选择"填充"，如图 6-18 所示。

图 6-18

图 6-19

在打开的"填充"对话框中，"内容"设定为"内容识别"，然后单击"确定"按钮，如图6-19所示，这样就可以将下方的背包修掉。

按 Ctrl+D 组合键取消选区，就完成了瑕疵的修复，如图 6-20 所示。

最终，我们可以在 Photoshop 中对照片的整体影调和色彩等再次进行轻微的优化，从而得到图 6-21 所示的效果。

图 6-20

图 6-21

156

6.2 城市夜景：Photoshop 堆栈，Camera Raw 修片

下面通过一张城市夜景照片的处理过程，来讲解在 Camera Raw 中如何实现相对完美的调色。原始照片整体比较平淡，画面暗部细节比较少，缺乏夜晚的城市热闹繁华的氛围，如图 6-22 所示；经过调整，我们可以看到夜景中灯光的暖色调氛围就呈现出来了，并且暗部显示出了更多细节，画面整体显得更加干净，影调过渡更加平滑，如图 6-23 所示。

图 6-22

因为我们对多张照片进行了堆栈，所以在图 6-23 中可以看到天空中有云层流动的感觉。

图 6-23

■ 光学：校正色差、畸变与暗角

下面介绍这张照片的具体处理过程。

我们首先全选准备好的 7 张素材照片，如图 6-24 所示，将其拖入 Photoshop，此时照片会自动载入 Camera Raw。

| 7K5A3782.CR3 | 7K5A3783.CR3 | 7K5A3784.CR3 | 7K5A3785.CR3 | 7K5A3786.CR3 | 7K5A3787.CR3 | 7K5A3788.CR3 |

图 6-24

在 Camera Raw 左侧的胶片窗格中可以看到我们打开的所有素材照片，单击最后一张照片，如图 6-25 所示。因为最后一张照片的暗部更黑一些，而其他照片的拍摄时间要早一些，暗部没有那么黑，所以我们选择最后一张照片。

图 6-25

展开"光学"面板，在其中勾选"删除色差"和"使用配置文件校正"这两个复选项，删掉高反差边缘的一些彩边，如图 6-26 所示。

图 6-26

■ 基本：照片的基本调整与定调

切换至"基本"面板，在其中单击"自动"按钮，由软件对画面整体进行影调的自动调整和优化，如图 6-27 所示。

图 6-27

如果感觉效果不够理想，可以手动进行调整，比如再次降低"曝光"和"高光"的值，让高光更暗一些，避免出现高光的细节损失；提高"阴影"和"黑色"的值，让暗部的细节层次更丰富，如图 6-28 所示。

图 6-28

接下来将自动提高的"自然饱和度"和"饱和度"的值恢复到初始水平，降低"色温"和"色调"的值，让画面更具冷色调的氛围；稍稍提高"清晰度"的值，让画面更具质感，如图 6-29 所示。

图 6-29

160

■ 混色器：Camera Raw 的核心调色工具

细节和影调优化到位之后，切换至"混色器"面板准备对画面进行调色。

对于这张照片来说，我们可以看到天空因为灯光的照射，有一些云层变得偏暖、偏紫，与天空整体的氛围不是特别匹配；地面的灯光有一些过度偏红，而另外一些偏青绿，都不是特别理想。

因此我们可以向右拖动"红色"和"橙色"滑块，使红色向橙色方向偏移；将"黄色"滑块向左拖动，让浅黄色变得更黄一些。最终我们可以看到灯光部分的色彩趋于相近，整体偏橙，显得非常干净，而不是最初的红色、橙色、浅黄色都有，显得比较杂乱。

对于天空中偏青的部分，我们将"浅绿色"滑块向右侧拖动，让青色变得偏蓝一些，与天空其他区域的蓝色更加匹配；将"紫色"滑块向左拖动，让偏紫的一些区域变蓝，让冷色调区域变得更加纯净，如图 6-30 所示。

图 6-30

之后切换到"饱和度"子面板，对于蓝色过重的问题，我们可以稍稍降低蓝色的饱和度；对于黄色泛白的问题，也就是黄色的饱和度较低的问题，我们可以提高黄色的饱和度，如图 6-31 所示。

图 6-31

　　切换到"明亮度"子面板，降低橙色、黄色的明亮度，让灯光部分的色彩更沉稳一些；这个场景是在傍晚拍摄的，如果天空的明亮度过高会丢失傍晚蓝调的氛围，因此蓝色的明亮度要降低一些，如图 6-32 所示。这样，画面的调色初步完成。

图 6-32

■ 几何：调整几何变形

这张照片是使用镜头的广角段拍摄的，出现了一些几何变形，因此切换到"几何"面板，在其中选择竖直方向的调整，如图 6-33 所示，可以对照片边缘的一些变形进行很好的调整，使建筑在竖直方向上更加规整。

图 6-33

■ 批量处理素材照片

我们已经对一张照片完成了后期处理。接下来在左侧的胶片窗格中右键单击我们调整好的这张照片，在弹出的菜单中选择"全选"，如图 6-34 所示，将胶片窗格中的所有照片选中。

再次右键单击我们调整过的这张照片，在弹出的菜单中选择"同步设置"，如图 6-35 所示。

图 6-34

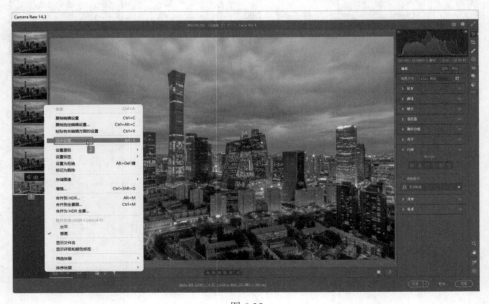

图 6-35

此时会打开"同步"对话框，在其中将"几何"复选项也进行勾选，因为我们之前对最后一张照片中的几何变形进行过一些调整，然后单击"确定"按钮，如图 6-36 所示。

这样我们就对所有的照片进行了批量处理，保持照片的全选状态，单击"完成"按钮，所有照片的处理就完成了，如图 6-37 所示。

图 6-36

图 6-37

■ 在 Photoshop 中堆栈照片

接下来在 Photoshop 中进行堆栈处理。

在 Photoshop 中打开"文件"菜单，选择"脚本"，选择"统计"，如图 6-38 所示。

在打开的"图像统计"对话框中，在"选择堆栈模式"下拉列表中选择"平均值"，然后单击"浏览"按钮，如图 6-39 所示；在打开的"打开"对话框中全选之前我们准备过的素材，然后单击"确定"按钮，如图 6-40 所示。

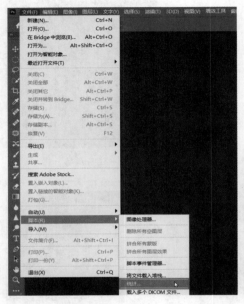

图 6-38

图 6-39

这样可以将所有的素材文件载入"图像统计"对话框，然后单击"确定"按钮，如图 6-41 所示。

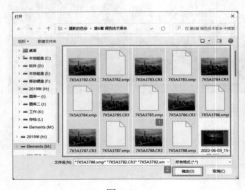

图 6-40

图 6-41

166

这样等待一段时间之后，我们就完成了照片的堆栈。可以看到地景是我们之前处理过后的效果，而天空中有了云层的流动感，如图 6-42 所示。

图 6-42

■ Camera Raw 滤镜：协调整体影调与色调

实际上我们的处理已经基本完成，但由于平均值堆栈会对画面的一些明暗产生轻微的影响，因此我们可以按 Ctrl+Shift+A 组合键，再次将照片载入 Camera Raw 滤镜，在其中展开"混色器"面板，切换到"色相"子面板，再次对地景中的一些灯光进行色彩的协调。

具体操作是，将"黄色"滑块和"绿色"滑块向左拖动，让原本偏青绿的一些灯光变得更暖一些；在图片显示区下方单击"在'原图 / 效果图'视图之间切换"按钮，对比原图和效果图，可以看出调整前和调整后的效果差别，如图 6-43 所示。

之后切换至"效果"面板，在其中向左拖动"晕影"滑块，可以为画面四周添加一定的暗角，如图 6-44 所示，让观者的视线进一步聚拢在照片中间比较精彩的建筑上。

图 6-43

图 6-44

　　切换到"曲线"面板，在其中拖出一条轻微弯曲的 S 形曲线，强化画面的反差，让照片显得更通透一些，如图 6-45 所示，这样我们就完成了照片的调色。

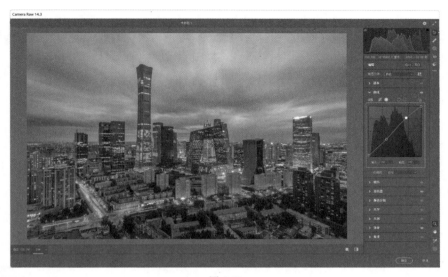

图 6-45

■ 锐化、降噪，完成修片过程

在照片输出之前，切换到"细节"面板，在其中稍稍提高"锐化"的值，并提高"蒙版"的值以限定锐化的区域，如图 6-46 所示。

图 6-46

实际上对于天空这种大片的平面区域是没有必要进行锐化的，因为对这种区域进行锐化只会将其中的噪点变得更明显，所以进行锐化时我们要提高"蒙版"的值，以限定锐化的区域。如果要观察锐化的区域，我们可以按住 Alt 键拖动"蒙版"滑块，此时照片变为黑白状态，白色区域就是我们要进行锐化的区域，黑色区域则不进行锐化。将"蒙版"的值提高到 80 左右，可以看到天空部分变为黑色，表示我们不对天空这种大范围的平面区域进行锐化，只对一些景物的边缘进行锐化，以确保这些区域的边缘更加清晰。

因为我们对地景的暗部进行了大面积的提亮，所以必然会导致一些噪点产生。虽然进行照片的堆栈可以在一定程度上消除噪点，但为了确保画质的细腻性，我们可以适当提高"减少杂色"的值，再次对照片进行降噪处理，最后单击"确定"按钮如图 6-47 所示，返回 Photoshop 主界面。

图 6-47

这样我们就完成了这张照片的后期处理，最终的画面如图 6-48 所示，对于这张照片来说，除了堆栈之外，影调、色彩、细节的调整都是在 Camera Raw 中完成的。

图 6-48

6.3 Camera Raw 与 Photoshop 的修片特点

■ Camera Raw

经过之前两个案例的学习，我们知道在 Camera Raw 中可以对照片的影调、色彩和细节进行系统的调整。那么可能有些人就会有这样的疑问：是不是可以用 Camera Raw 替代 Photoshop 完成后期处理？

对于一些对后期精度要求不是特别高的题材，比如风光摄影，摄影师追求的主要是创意和优美的意境，因此只在 Camera Raw 中进行调色就能取得很好的效果。

但在人像摄影等题材当中，我们往往需要对人物的面部进行精修，这就要借助曲线调整图层或中性灰图层等对人物进行磨皮，我们还要对人物的五官及体型等进行重塑和美化，这些都是无法在 Camera Raw 中完成的。

171

Camera Raw 的调色逻辑对于摄影初学者来说是比较友好的，Camera Raw 也比较容易上手，但摄影初学者在大致掌握了 Camera Raw 的应用技巧之后，仍要尽快熟悉 Photoshop 的蒙版、工具等基础功能以及曲线、可选颜色等调色功能，这样才能在后期处理的道路上越走越远。

■ Photoshop

我们利用 Photoshop 进行修片，有时可能需要创建几个，甚至几十个调整图层，最终将照片的影调、色彩调整到非常完美的程度。调整完毕之后盖印图层，再对照片进行液化处理，这样我们就完成了一张照片的后续处理。

后续我们如果要对照片进行修改，只需要删掉最后盖印的图层，然后找到之前对应的调整图层，通过黑白画笔再次进行微调，调整完毕之后，再次盖一个图层并进行液化等处理就可以了，即我们可以对修片过程进行完整的备份，并且随时进行修改。

这里会存在一个问题，很多摄影初学者在学会盖印图层后，往往创建几个调整图层之后就要盖印图层，然后再次创建调整图层，再次盖印图层——这是没有意义的，反而让盖印图层失去了价值。

正确的做法应该是前期尽量不盖印图层，直到照片调整即将完成，最后盖一个图层，或将其用于进行液化处理，或将其用于进行锐化、降噪处理等。盖印图层操作使用得越晚，说明后期处理越规范、越合理。过早使用盖印图层操作，盖印图层之前的所有步骤就失去了意义。

第 7 章

决定作品成败的色彩美学

本章将介绍一些摄影后期调色中的色彩美学。

绝大多数情况下，用相机直接拍出的照片往往会有一些色调方面的问题，需要进行后期调色才能让照片的色调更符合色彩美学，给人美的感受，并真正符合我们的创作意图。

7.1 单色与多色的配色规律

■ 色不过三与主色调

关于摄影的色彩美学，我们首先应该知道的一条配色规律是色不过三，从字面意思来看，一张照片中的色调不宜超过 3 种。但实际上我们看到很多照片中会有非常多的色相，远不止 3 种，那这是否与色不过三的配色规律相悖呢？其实并非如此，色不过三是指画面中的主要色调不超过 3 种。

在出现多种色相时，我们要对画面进行调色，使次要的色相融入主色调，与主色调相协调，之后这些次要的色相可以辅助色或点缀色的形式出现，并要受到主色调的影响。比如我们在日出时拍照，霞光会让画面变暖，那么这张照片中橙色的成分可能比较多，所以橙色为主色调，对于照片中一些绿色或蓝色的元素，我们可以在其中混入一些橙色，从而使其与整体的主色调也就是橙色相协调，最终让画面变得干净。这就是色不过三的具体含义。

对于图 7-1 所示的照片，如果分析其中的色相，我们可以看到红色、褐色、绿色和蓝色等，但实际上这张照片给人的感觉是比较干净的，因为它的主色调只有一种，就是蓝灰色。红色、褐色、绿色等都混入了一些蓝色，与整体的主色调比较协调，并作为一些点缀色出现，丰富了照片的色彩层次。

图 7-1

在图 7-2 所示的照片中，场景本身的表现力并不是很强，但因为画面中只有两种色调，一种是橙色，另一种是青蓝色，画面比较干净，影调层次又比较丰富，最终给人的观感是比较好的，也就是说画面有一种形式美，这种配色是合理的。

图 7-2

■ 单色与无彩色

一般来说，摄影作品的配色可以分为两种情况：第一种是单色的配色，第二种是多色的配色。

所谓单色的配色，是指整个画面中只有一种色调，主色调就是这一种色调，画面中几乎没有其他的色相，整体会非常干净。因为只有一种色调，要表现出丰富的层次，就只能通过营造这种单一色调在饱和度、明度方面的差别来实现。如果照片中单一色调在饱和度或明度方面的差别比较小，画面就会缺少层次。

当然，我们要注意，即便是单色的配色，照片中也要有一些无彩色区域进行点缀，通常情况下暗部适合作为无彩色区域。这样，画面整体的层次感会更丰富，照片才不会让人觉得饱和度过高，给人发腻的感觉。

所谓的无彩色是指某一些景物没有明显的色彩，其色彩接近中性灰。

图 7-3 中，橙色是主色调，采用的配色是橙色的单色配色。照片暗部属于无彩色区域，与橙色的主色调进行搭配。另外，天空与水面的橙色既有明度的差别，也有饱和度的差别，从而让画面呈现出比较丰富的层次，而不会给人枯燥乏味的感觉。

图 7-3

图 7-4 所示的照片的配色是黄色系的单色配色，照片中的远山和近景是无彩色区域。

图 7-4

■ 多色配色的画面控制

下面来看多色配色的画面控制。所谓多色的配色，是指照片中有两种及两种以上的色彩进行搭配。

如果照片中有多种色彩，我们首先要确定一种主色调，在其他色彩要融入主色调的成分，这样画面整体才会协调，才符合色不过三的配色规律。

多色的配色还会涉及其他问题，比如确定一种色彩为主色调，就会有其他色彩作为辅助色，还可能有其他色彩作为点缀色。

那么主色调、辅助色与点缀色的比例的确定就比较重要。一般来说，主色调在画面中的占比要超过 60%，而辅助色则不能超过 40%，点缀色一般不能超过 10%。

一些题材对于主色调、辅助色和点缀色的比例要求更为严格，比如在人像摄影当中，主色调的比例一般在 70% 左右，辅助色的比例在 25% 左右，点缀色的比例在 5% 左右，符合这种配比的画面给人的感觉会更好一些。

图 7-5 所示的这张照片采取了双色的配色，主色调是暗紫色，辅助色是橙黄色。我们可以看到主色调占据了绝大部分比例，辅助色的比例在 30% 左右，这种配比的画面给人的感觉是比较舒服的。

图 7-5

再来看图 7-6 所示的这张照片，青蓝色是主色调，黄色和红色都是点缀色，它们各自的比例不会超过 10%。

图 7-6

图 7-7 所示的这张照片中，青灰色是主色调，中间的黄色是点缀色，其比例只有 5% 左右，这种配比会让画面显得非常干净。

图 7-7

177

7.2 如何确定照片的主色调

我们对照片进行调色时，确定主色调是非常重要的，会直接决定照片的质量。实际上照片主色调的确定，并非全靠个人感觉，是有一定的规律可循的。

我们在面对不同的场景、不同的情况时，要根据实际情况来合理地确定主色调，才能让画面有更好的色彩表现力。如果主色调的确定出现问题，那么画面给人的观感一定不会好。

比如日出和日落的画面中，主色调基本有两种情况。

第一种是橙色的单色配色，只要确保暗部留有一定的无彩色区域，画面一般不会出现问题。

第二种是蓝色的多色配色，中间调及暗部调为蓝色。此时高光的色调非常关键，如果高光的色调也偏冷，那么画面就会出现严重的偏色问题。因此一定要将高光设为暖色调，才会给人自然的感觉。

下面介绍几种确定主色调的技巧。

■ 以光源色作为主色调

在一些光源具有明显色彩倾向的场景中拍摄时，以光源色作为主色调，往往会有较好的效果。

图 7-8 所示这张照片就是以橙色的光源色作为主色调的，画面整体给人的感觉是比较自然和协调的。地景中出现了大量的无彩色区域，丰富了画面的层次。

图 7-8

■ 以环境色作为主色调

在光源的色彩倾向不是特别明显的时候，我们可以考虑以环境自身的色彩作为主色调。

很多的环境本身是有色彩倾向的，比如我们在一栋水泥房内拍摄，此时的环境色就应该是水泥的深灰色，这是一种偏冷的中性色，以这种偏冷的中性色作为主色调，画面给人的感觉会比较好。

图 7-9 所示的这张照片中的墙体材质是一些发黄的大理石，墙纸也有一些泛黄，整个环境偏黄，所以这张照片的主色调就可以确定为偏灰的黄色，画面最终呈现出比较好的效果。

图 7-9

图 7-10 所示的这张照片中，夜晚的灯光偏暗，色温比较高，环境色为偏冷的蓝色，以其作为主色调能得到很好的效果。当然，中间的灯光一定要是暖色调的，以平衡画面色彩。如果灯光处也是冷色调的，画面就会偏色。

图 7-10

■ 以固有色作为主色调

所谓固有色，是指被摄对象本身所具有的色彩。如果光源色和环境色都不明显，我们就可以以被摄对象自身的色彩作为主色调，即以固有色作为主色调。

在拍摄一些人物肖像时，以固有色作为主色调更有利于准确表现人物，如图7-11 所示。

图 7-11

180

7.3　光色混合问题的处理

　　我们在实际的拍摄中，可能会遇见这样一类问题：光源有一定的色彩倾向，但与被摄对象自身的固有色相混合。这种问题称为光色混合问题。

　　在一般的风光摄影中，出现光色混合问题并没有太大影响，反而可能会让画面产生一些独特的魅力。但在一些人像摄影中，如果出现光色混合问题，会导致人物的皮肤等严重偏色。

　　在人像摄影中，如果出现光色混合问题，我们就需要在后期对人物进行调整，尽量消除光源色的影响，让人物呈现出固有色。

　　当然，这种后期的调整是有一定限度的。因为人物的肤色需要受到一些光源色的影响，如果后期调整时彻底消除了光源色的影响，就会出现色彩不协调、不一致的问题，画面就会不自然。

　　图 7-12 所示这张照片中，我们可以看到阳光是金黄色的，与人物皮肤的固有色相混合，产生了光色混合问题。我们进行影调调整之后，人物肤色得到了一定的优化，但仍然不够理想，如图 7-13 所示。

图 7-12

图 7-13

181

继续对人物肤色进行调整，但是不要完全消除光源色，这样才能得到更好的效果，如图 7-14 所示。如果光源色被彻底消除，那么人物的肤色会与整个环境不协调。

图 7-14

7.4 高光与暗部的色彩

■ 高光与暗部的饱和度

首先来看高光的饱和度。我们拍摄风光题材时，通常会有这样一个常识：风光画面反差大一些，饱和度也会更高。如果我们在后期处理时提高画面整体的饱和度，那么画面并不会让人感觉特别舒服，而是会让人感觉油腻、饱和度过高，但实际上画面整体的饱和度提得并不是很高。

出现这种情况的原因非常简单，我们在提高饱和度时没有分区域进行。正确的做法是对高光部分进行饱和度的提升，对阴影部分适当降低饱和度，画面最终给人的感觉就会比较自然，并且色彩比较浓郁。

在图 7-15 所示的这张照片中，我们可以看到，从中间调到高光，天空的色彩饱和度很高，但地景的一些暗部的饱和度非常低，画面整体给人的感觉是色彩浓郁而不油腻。

图 7-15

图 7-16 这张照片，中间调和高光都具有较高的饱和度，而暗部阴影部分的饱和度比较低，这样画面的色彩层次才会更合理，画面才会让人感觉艳而不腻。

图 7-16

■ 高光与暗部的冷暖

在后期处理过程中，我们在很多时候都需要结合自然规律，真实还原所拍摄场景的一些状态。根据我们的认知，太阳或者一些明显的光源发出的光线大部分是暖色调的，尤其是太阳光线。我们可能会觉得太阳光线在中午是白色的，但其实它是偏黄、偏暖的。在摄影作品中，对受光线照射的高光部分进行适当的暖色调强化，是符合自然规律的。相反，将照片中受光线照射的高光部分向偏冷的方向调整，是违反自然规律的，这种画面往往会给人非常别扭、不真实、不自然的感觉。

整体来看，在摄影后期中，对于高光部分，应该将其向偏暖的方向调整，这

183

样最终的照片会更加自然。

图 7-17 所示这张照片中，日落之后，整个天空呈现出偏冷的色调，地景也呈现出蓝调的氛围，但实际上天空靠近地面的区域依然有余晖，属于高光区域，这个区域本身是有一些偏暖的，所以我们后续应对这种暖色调进行强化，以营造冷暖对比的效果。

图 7-17

图 7-18 所示是长城的晚霞，晚霞是暖色调的，那么我们在后期处理时应该对这种暖色调进行强化，这样照片看起来会更加真实自然。

图 7-18

与高光暖相对的概念是暗部冷。我们都有这样的经历，在夏天感觉到炎热时，躲到树荫下，就会觉得凉爽，这是因为受光线照射的区域是一种暖色调的氛围，而背光的区域是一种阴冷的氛围，那么表现在画面中也应当如此。我们可以将高光部分调为暖色调，暗部调为冷色调，这样就符合自然规律与人眼的视觉规律，会让画面显得非常自然。

其实我们还可以从另一个角度进行思考。通常情况下，根据色温变化的规律，红色的色温往往偏低，而蓝色的色温偏高，那么受太阳光线照射的区域的色温就较低，而背光的阴影区域的色温值往往在 6500K 以上，因此它呈现出的是一种冷色调的氛围。

在图 7-19 所示的这张照片中，我们可以看到，受太阳光线照射的部分呈暖色调，因此将背光的一些区域调为冷色调，画面整体给人的感觉就会更自然。

图 7-19

图 7-20 所示的这张照片中，高光部分呈暖色调，暗部虽然不是冷色调的，但是接近中性色调，画面的色彩层次也会比较丰富。如果将这张照片的暗部处理为暖色调，那么画面整体的氛围可能会非常浓郁，但色彩层次会有所欠缺，画面给人的感觉就不是那么自然。

图 7-20

第8章

摄影后期调色实战

　　本章将通过多个案例带领大家回顾和验证之前介绍的调色理论，练习使用之前介绍的各种调色功能，最终帮助大家能掌握这些调色理论和调色功能，学会自然风光、城市风光、大场景古建筑，以及人像写真等题材的后期调色技巧。

　　本章的内容比较多，希望大家能够认真阅读，反复练习。相信大家通过学习本章的内容，能够将之前所讲的理论与本章所涉及的案例结合起来，最终大幅度提高自己的摄影后期调色水平。

■ 箭扣长城云海：自然风光后期调色实战

图 8-1 所示的这张照片有一定代表性，大多数情况下，我们往往会在黄金时

间拍摄自然风光，但很多场景的通透度较低。拍摄这张照片时，现场有较多云雾，所以原片的通透感是有所欠缺的，并且现场的明暗反差比较大，后续要进行高光压暗和暗部提亮，从而追回细节。经过后期处理，我们就得到了一张细节完整、色彩纯净、影调丰富的风光照片，如图 8-2 所示。

图 8-1

图 8-2

下面看具体的调色过程。首先将拍摄的 RAW 格式文件拖入 Photoshop，文件会自动载入 Camera Raw，在 Camera Raw 中我们可以看到打开的原始文件，如图 8-3 所示。

图 8-3

对于这种在逆光条件下以广角镜头拍摄的大场景照片，一般来说要先进行镜头校正，修复照片四周的暗角以及明暗高反差边缘的彩边。因此，展开"光学"面板，勾选"删除色差"和"使用配置文件校正"这两个复选项，如图 8-4 所示。对于这张照片来说，没有必要调整"扭曲度"和"晕影"，因为此时画面四周与中间的明暗差别不是太大，效果是比较理想的。对于自然风光题材，几何畸变的影响不是特别明显，所以也没有必要调整校正量。

图 8-4

切换到"基本"面板，单击"自动"按钮，如图 8-5 所示，这样会由软件自动对画面进行影调层次的优化。一般来说，软件会压暗高光，提亮暗部，从而追回高光和暗部的细节。此时我们可以看到画面效果得到优化，但依然不够好。

图 8-5

接下来我们手动调整各项参数：进一步提高"对比度"的值，从而丰富画面的影调层次；降低"高光"的值，继续追回高光的细节；提高"黑色"的值，追回暗部的一些层次和细节；稍稍提高"清晰度"的值，让画面更具质感，如图 8-6 所示。

图 8-6

影调初步调整完成之后，我们要进行色彩基调的确定。对于这张照片来说，有两种处理方案，一种是降低"色温"的值，打造一种冷暖对比的画面效果，如图 8-7 所示。

图 8-7

另一种是提高"色温"的值，打造单色系的暖色调效果。这里我们选择将照片打造为单色系的暖色调效果。直接提高"色温"与"色调"的值，为照片打造单色系的暖色调效果，如图 8-8 所示。

图 8-8

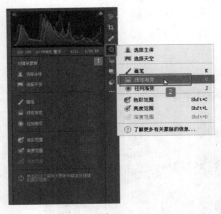

图 8-9

确定了色彩基调之后，我们需要对画面局部的一些影调进行微调。这张照片中，太阳上方的亮度非常高，是有问题的，因此单击"蒙版"按钮，在弹出的菜单中选择"线性渐变"，如图 8-9 所示。从天空上方向下拖动绘制渐变区域，降低"曝光"的值，稍稍降低"黑色"的值，让压暗的影调效果更自然一些；由于压暗之后的色彩的饱和度比较低，因此我们还要稍稍降低"色温"的值，提高"色调"的值，让天空上半部分的色彩显得更真实、自然，如图 8-10 所示。

图 8-10

接下来对照片的整体进行调色，之前已经介绍过，Camera Raw 中的主要的调色工具是"混色器"，切换到"混色器"面板，再切换到"色相"子面板，在其中向左拖动"黄色"滑块，让黄绿色向黄色方向偏移，这样一些原本偏黄绿的高光区域的色彩就会变得与周边更协调统一；之前也讲过，对于自然风光照片来说，我们往往要将"紫色"滑块向左拖动，让紫色向蓝色方向偏移，这样画面整体会更纯净和通透，如图 8-11 所示。

图 8-11

这样，我们在 Camera Raw 中的影调优化及调色初步完成，单击"打开"按钮，将照片在 Photoshop 中打开。

此时分析照片，我们根据光线照射的规律，可以确定这样一种调整思路：太阳直接照射的中间部分的亮度应该是非常高的；两侧实际上是有一些背光的，但当前两侧云海的亮度依然比较高，如图 8-12 所示，因此要稍稍降低这部分的亮度。

图 8-12

首先在"图层"面板底部单击"创建新的填充或调整图层"按钮，在打开的菜单中选择"曲线"，创建曲线调整图层并打开曲线调整面板，在其中将曲线右上角的锚点向下拖动以压暗高光，在曲线中间单击以创建锚点并向下拖动，可以让压暗后的照片影调变得更自然，如图 8-13 所示。

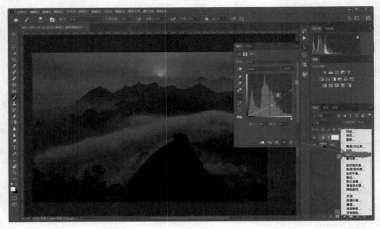

图 8-13

由于我们要压暗的只是画面两侧的云海，因此按 Ctrl+I 组合键对蒙版进行反向，隐藏压暗效果，在工具栏中选择"画笔工具"，设定前景色为白色，设定画笔为柔性画笔，将"不透明度"降低到 12%，将"流量"降低到 30%，缩小画笔直径，在要压暗的位置涂抹，就还原出了压暗效果，如图 8-14 所示。

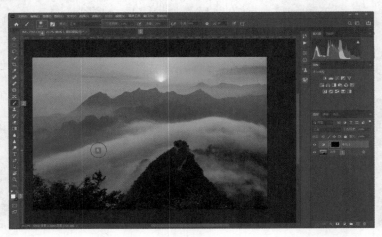

图 8-14

194

把两侧的云海压暗之后，我们还要提亮中间受太阳光线直射的云海，因此创建曲线调整图层，在曲线调整面板中，向上拖动曲线进行提亮，如图8-15所示，中间受太阳光线照射的部分应该是暖色调的，因此我们向上拖动红色曲线以增加红色，向下拖动蓝色曲线以增加黄色，这就相当于在提亮画面的同时还为画面渲染了橙色的色调，我们可以看到此时的画面整体变亮、变得偏橙。

图 8-15

由于我们想要的只是中间受太阳光线直射的部分得到提亮、变得偏橙的效果，因此按Ctrl+I组合键对蒙版进行反向，然后使用白色画笔对受太阳光线直射的部分进行涂抹，还原出这部分的提亮、变得偏橙的效果，如图8-16所示，这样我们就根据太阳光照射的自然规律对画面的光影进行了重塑。

图 8-16

对于这张照片来说，长城是要表现的主体，因此我们要对长城进行一定的强化。当前，远景中的长城被淹没在炫光中，比较暗，如图 8-17 所示，因此我们需要对其进行提亮。对于近景中的烽火台，我们应该注意两个方面的问题：正对着相机的一面是背光面，亮度不宜过高；左侧面实际上会受一定的光照影响，亮度应该高一点。这样有助于让近处比较大的烽火台呈现出更好的立体效果。

图 8-17

因此我们创建曲线调整图层，在曲线调整面板中向上拖动曲线，然后在暗部向下拖动恢复一些，如图 8-18 所示，这样画面的反差会更明显。

图 8-18

　　由于我们要强化的只是长城部分，因此按 Ctrl+I 组合键将整个调整效果隐藏起来，然后在工具栏中选择"画笔工具"，将"不透明度"和"流量"调到50%，缩小画笔直径，在远处的长城上进行涂抹，还原出远处长城的亮度，如图8-19 所示。

图 8-19

　　如果涂抹得不够精确导致远处长城之外的区域变亮，我们可以在工具栏中将前景色改为黑色（在英文输入法状态下直接按 X 键，或单击前景色与背景色图标右上角的双向箭头就可以交换前景色和背景色），然后在被误涂的区域进行涂抹，遮挡住这些区域就可以了，如图 8-20 所示。

图 8-20

再将前景色设为白色，稍稍增大画笔直径，在近处的烽火台左侧面进行涂抹，还原出提亮效果，如图 8-21 所示。

图 8-21

如果感觉当前的调整效果不够明显，我们可以在"图层"面板中双击曲线调整图层的"图层缩览图"，展开曲线调整面板，再次向上拖动曲线，将提亮的效果变得更明显一些，如图 8-22 所示。

图 8-22

再次观察照片，我们会发现画面左上角的一片云雾的亮度非常高，比较干扰视线，因此我们创建曲线调整图层，向下拖动曲线对画面进行压暗。对于饱和度比较低的问题，我们可以稍稍向上拖动红色曲线，向下拖动蓝色曲线，如图 8-23 所示，为画面渲染一点偏橙的色调。

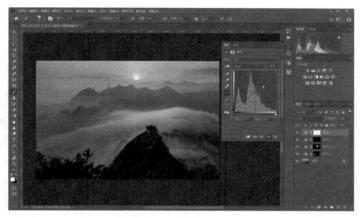

图 8-23

当前的调整效果针对的是整个画面，而我们想要调整的只是左上角的云雾部分，因此按 Ctrl+I 组合键对蒙版进行反向，隐藏调整效果，然后在工具栏中选择"画笔工具"，将前景色设为白色，将"不透明度"调为 12%、"流量"调为 30%，缩小画笔直径，在左上角想要压暗的位置进行涂抹，如图 8-24 所示，这样我们就完成了这张照片影调的重塑。

图 8-24

回顾之前的后期处理过程，我们压暗了两侧的云海，提亮了中间的云海。这样，大的影调得以重塑，画面的光影更有规律，画面就会显得更干净、更高级。我们还对照片中作为主体的长城单独进行了强化，对于四周一些亮度比较高的位置也单独进行了压暗处理，此时画面效果虽然没有达到最优，但画面是比较耐看的。

为了确保画面有更强的通透感，创建一个曲线调整图层，在曲线调整面板中拖出一条 S 形曲线，我们可以看到此时的画面更加通透，如图 8-25 所示。

图 8-25

图 8-26

至此，照片已经基本处理完成。

为了追求更完美的效果，此时我们可以按 Ctrl+Alt+Shift+E 组合键，盖印一个图层，如图 8-26 所示，将之前所有的影调及色彩调整效果压缩起来。

按 Ctrl+Shift+A 组合键进入 Camera Raw 滤镜，展开"混合器"面板，切换到"色相"子面板，在其中稍稍向左拖动"红色""橙色""黄色"滑块，让画面整体的色调更偏橙一些，如图 8-27 所示，这样操作是因为之前画面的整体色调有些偏黄。

图 8-27

对于照片中间的亮度依然有所欠缺的问题，我们可以在中间位置拖动绘制出椭圆形的径向渐变区域，以模仿光照的效果，然后提高"曝光""阴影"的值、稍稍降低"黑色"的值，让影调层次更丰富，提高"色温""色调"的值，让光照效果更理想，如图 8-28 所示。

图 8-28

切换到"细节"面板，适当提高"锐化"的值，对整个画面进行锐化，提高"减少杂色"的值，如图 8-29 所示，对画面进行一定程度的降噪，一般来说"减少杂色"的值不宜超过 30，"锐化"的值也不宜太大，否则会出现画面失真的问题。

图 8-29

之前讲过，照片中大片的平面区域是没有必要进行锐化的，只要锐化画面中一些景物的轮廓就可以让画面整体显得非常清晰。这里我们可以通过蒙版来限定锐化区域，提高"蒙版"的值即可。我们如果要观察限定的锐化区域，按住 Alt 键并拖动"蒙版"滑块即可。拖动"蒙版"滑块后，我们可以看到锐化效果只针对山体和树木等的轮廓，大片的天空、云雾等不会进行锐化。调整完毕，单击"确定"按钮，如图 8-30 所示，返回 Photoshop 主界面，这样我们就完成了这张照片的后续处理。

实际上，在本例中，我们应用到了曲线调色功能和黑白蒙版，还验证了之前讲过的一个知识点：在盖印图层之前，一定要将照片整体的影调及色彩调整到位，尽量晚创建盖印图层。

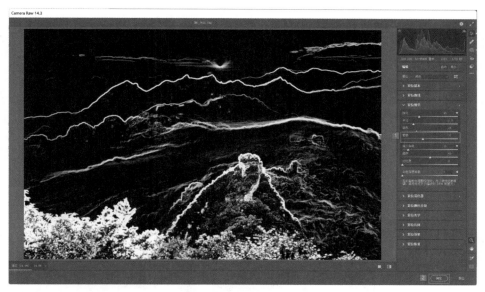

图 8-30

可以看到，在 Photoshop 中打开背景图层之后，之前创建的 5 个调整图层均用于对照片的明暗及色彩进行调整，要进行最终的协调及细节优化时才盖印图层，最终盖印的图层位最上方，即便删掉，也不会对画面造成太大的影响，因为影调与色彩都已经调整好了。

此时，如果我们不需要将照片上传到网上进行分享，可以直接按 Ctrl+S 组合键将整个处理过程保存为 psd 格式的文件。psd 格式兼容性比较差，不便于网上的分享和浏览，但这种格式保留了后期处理的所有过程。

如果我们要将照片上传到网络或传输到手机，需要将照片存储为 JPEG 格式，这时我们将鼠标指针放在某个图层的空白处，右键单击，在弹出的菜单中选择"拼合图像"，如图 8-31 所示，可以将所有图层拼合起来。

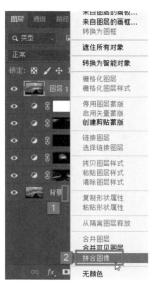

图 8-31

打开"编辑"菜单，选择"转换为配置文件"，在打开的"转换为配置文件"对话框中将"配置文件"设定为 sRGB 格式，然后单击"确定"按钮，如图 8-32 所示。

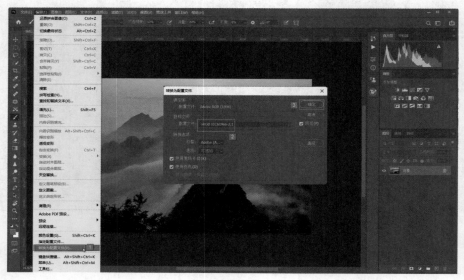

图 8-32

再将照片保存为 JPEG 格式就可以了，如图 8-33 所示。

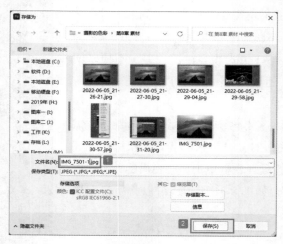

图 8-33

这里要注意，之所以要将"配置文件"设定为 sRGB 格式，是为了确保我们处理后的照片在计算机、手机以及平板电脑等其他设备上呈现一致的色彩。如果保存为另一种常用的格式——Adobe RGB，那么照片有可能在计算机上显示的是一种色彩，在手机上显示的是另一种色彩。

■ 芳草地与 CBD（中央商务区）：城市风光后期调色实战

本案例中我们将使用一些比较特殊的 Photoshop 功能及调色技巧。比如我们将会使用"色彩范围"这个功能，选择照片中一些特定的区域进行明暗调整；我们还会使用"选区"功能，以限定某些区域的边缘，让调整更准确，最终得到比较理想的效果。

首先看原始照片，如图 8-34 所示，地景非常暗，损失了大量细节。绝大多数人的调整效果可能和图 8-35 一样，只是追回了细节，强化了质感，但我们仔细观察后会发现，地景的明暗没有规律可言，还是显得比较乱，画面的立体感仍有所欠缺。

图 8-34

图 8-35

经过调整，作为重点对象的远处和中间的建筑的明暗变得合理，从而使这些建筑显得比较立体，近处一些无足轻重的建筑的整体亮度相近，这样画面整体的影调层次变得丰富且有规律，画面比较干净、高级，如图 8-36 所示。

图 8-36

下面来看具体的调整过程。

首先将 RAW 格式的文件拖入 Photoshop，文件会自动在 Camera Raw 中打开，此时我们可以看到原始文件，如图 8-37 所示。

图 8-37

这张照片具有明暗反差过大的问题，因此我们先展开"光学"面板，勾选"删除色差"和"使用配置文件校正"复选项，对画面进行校正，如图 8-38 所示，这样可修复一些不易察觉的瑕疵。

图 8-38

切换到"基本"面板,单击"自动"按钮,由软件对画面的影调层次进行自动优化,我们可以发现自动优化的效果并不是特别理想,地景依然非常暗,如图8-39所示。因此我们手动提高"阴影"的值,降低"高光"的值,让画面的层次和细节更丰富,然后单击"打开"按钮,如图8-40所示,将照片在 Photoshop 中打开。

图 8-39

图 8-40

图 8-41

地面三角形建筑之外的一些比较矮的建筑的明暗是无规律可循的，一些建筑比较亮，另外一些比较暗。对于比较亮的建筑，如果整体压暗，会导致周边树木以及深色的线条出现死黑的问题。这里我们可以采用一种新的办法，即用"色彩范围"这个功能将较亮的建筑选择出来，对其进行有针对性的压暗。

具体操作是，打开"选择"菜单，选择"色彩范围"，如图 8-41 所示。

在打开的"色彩范围"对话框中设定"取样颜色"，然后将鼠标指针移动到近景中比较亮的建筑上，单击取样，如图 8-42 所示，这样照片中与这个建筑明暗相近的一些区域都会被选择出来。

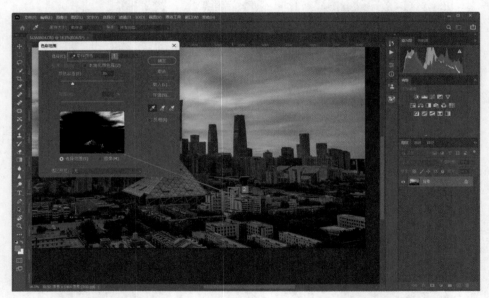

图 8-42

至于与取样位置的明暗多相近的位置会被选择出来，取决于"色彩范围"对话框中"颜色容差"的值，如图 8-43 所示。这个值设置得越大，所选择出来的区域会越多；这个值设置得越小，选择的精度会越高，但是选择出来的区域越少。

图 8-43

调整之后，我们在"色彩范围"对话框的预览区中看到白色的区域，即画面中将会被选择出来的区域。天空及主体建筑也会被选择出来，这没有关系，后续我们可以从选区中将其去除，或在最后用蒙版将其遮挡住。确定好选择的区域后单击"确定"按钮。

这样就为这些选定的区域建立了选区，如图 8-44 所示。

图 8-44

接下来创建曲线调整图层进行压暗处理，我们可以看到天空以及作为主体的中间的三角形建筑都被压暗了，如图 8-45 所示。

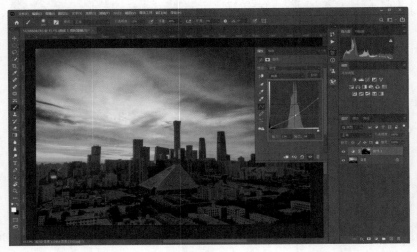

图 8-45

我们想要压暗的只是近处地景中一些比较低矮的建筑，因此在工具栏中选择"渐变工具"，将前景色设为黑色，背景色设为白色，选择"从黑到透明的渐变"，选择"圆形渐变"，在不想压暗的区域涂抹，以还原这些区域的亮度，如图 8-46 所示。

图 8-46

注意不要还原地景中比较低矮的建筑的亮度，因为我们要压暗的就是这些建筑。

为了避免地景中的建筑出现严重的失真问题，我们可以稍稍降低曲线调整图层的"不透明度"，让调整效果更柔和一些，如图 8-47 所示。

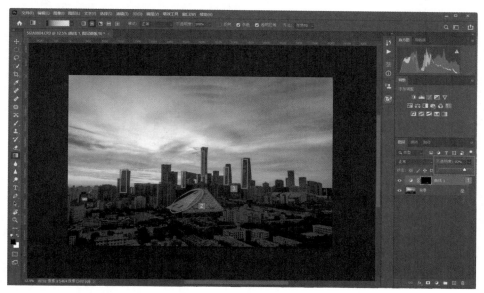

图 8-47

此时观察画面我们会发现，霞光的亮度非常高，它的光照效果会影响到三角形建筑的侧面，如果提亮三角形建筑的侧面，会让这栋建筑显得更立体，如图 8-47 所示。

接下来我们创建曲线调整图层，向上拖动曲线进行提亮，稍稍向下拖动蓝色曲线，为整个画面打造暖色调效果；由于我们想要打造暖色调效果的位置只有三角形建筑的侧面而不是整个画面，因此按 Ctrl+I 组合键将蒙版进行反向，将调整效果隐藏起来，如图 8-48 所示。

此时我们如果使用"画笔工具"直接在三角形建筑的侧面进行涂抹，可能会涂抹到三角形建筑的侧面之外。因为三角形建筑的侧面边缘是比较规律的，所以我们可以考虑在工具栏中选择"多边形套索工具"，将三角形建筑的侧面勾选出来，如图 8-49 所示。

211

图 8-48

图 8-49

在工具栏中选择"画笔工具"，将前景色设为白色，将"不透明度"和"流量"设为 30%，然后在选区内进行涂抹，还原出调整效果，如图 8-50 所示。用选区对要还原的区域进行限定，可让调整更精确。

图 8-50

调整之后，我们会发现这个受光面的色彩感依然比较弱，这个时候可以对之前的调整效果进行适当修改。具体怎样修改？其实非常简单，双击"曲线 2"图层前的"图层缩览图"，打开曲线调整面板，再对曲线进行调整就可以了。

对中间的三角形建筑的受光面进行调整之后，我们可以看到这个三角形建筑明显更加立体了。

接下来我们对远处的高层建筑进行立体感的塑造，主要方法也是提亮这些建筑的受光面。

创建曲线调整图层，向上拖动曲线，再向上拖动红色曲线，增加红色，向下拖动蓝色曲线，减少蓝色，也就相当于增加黄色；这样画面会被渲染上一些偏橙的色调；按 Ctrl+I 组合键对蒙版进行反向，因为我们要调整的只是远处高层建筑的侧面，如图 8-51 所示。

对于这些高层建筑的侧面，如果直接使用画笔涂抹，依然会存在不够精确的问题，可能会影响天空的表现。

图 8-51

这时我们可以在"图层"面板中单击"背景"图层，然后打开"选择"菜单，选择"天空"，将天空选择出来，如图 8-52 所示。

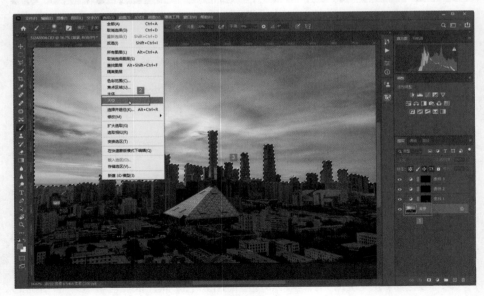

图 8-52

此时选择的是天空，而我们要调整的是地景，因此打开"选择"菜单，选择"反选"，如图 8-53 所示，这样我们选择的就是地景。

单击"曲线 3"图层，在工具栏中选择"画笔工具"，依然保持之前的设定，在远处高层建筑左侧，也就是受霞光照射的这一面进行涂抹，还原出之前的调整效果，如图 8-54 所示。

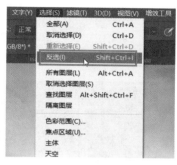

图 8-53

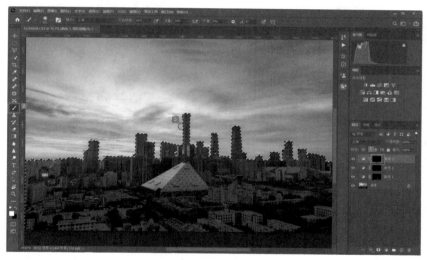

图 8-54

调整之后，远处高层建筑的侧面整体变亮，并且呈现暖色调，远处高层建筑因此呈现出较强的立体感，如图 8-55 所示。

图 8-55

此时观察整个画面，会发现天空的面积过大，与地景的面积大致相等，这是不合理的。因此在工具栏中选择"裁剪工具"，裁掉照片四周过于空旷的部分，然后在上方单击"确认裁剪"按钮，完成照片的裁剪，如图 8-56 所示。

图 8-56

此时照片整体的调整基本完成。我们可以再创建一个曲线调整图层，在曲线调整面板中拖出一条轻微弯曲的 S 形曲线，提高画面整体的通透度，此时照片影调层次丰富，重点景物具有很强的立体感，并且画面整体显得非常干净，如图 8-57 所示。

图 8-57

实际上，对于这张照片来说，核心的问题只有两个：第一，地景中无足轻重的一些建筑的亮度一定要压下来，这样整个低矮的建筑区域的明暗和色彩趋近，画面就会显得比较干净；第二，对建筑的一些受光面一定要进行提亮和色调渲染，这样建筑才会呈现出更强的立体感。经过这两方面的调整，画面就会显得层次丰富，非常立体，并且整体比较有序、干净，从而呈现出高级感。

至于后续的锐化、降噪以及保存设定等操作，这里就不再过多进行讲解了。

■ 城市脉动：城市夜景后期调色实战

本案例的原始照片如图 8-58 所示，整体偏紫并且构图不够协调，天空所占的比例过大，画面左右两侧也不够匀称。调整之后，画面整体呈现出一种清冷的色调，符合夜景静谧的氛围，如图 8-59 所示。

图 8-58

图 8-59

下面来看具体的处理过程。在 Camera Raw 中打开原始照片，如图 8-60 所示。

图 8-60

首先对照片进行适当的二次构图，裁掉画面四周没有太多意义的区域，然后将鼠标指针放在要保留的区域，双击即可完成裁剪，如图 8-61 所示。

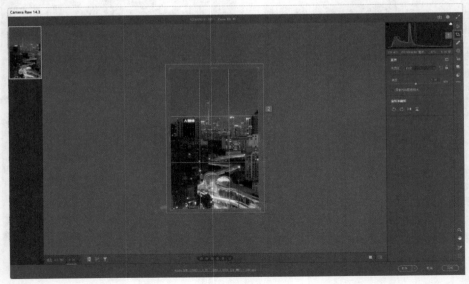

图 8-61

　　这里要注意的是，裁剪时，虽然左右两侧裁掉的区域越多，画面会显得越干净，但是一定要控制好裁剪范围，否则可能会导致画面出现构图不完整的问题。

　　完成二次构图之后，对画面进行校正。展开"光学"面板，勾选"删除色差"和"使用配置文件校正"复选项，我们可以看到"镜头配置文件"下方没有载入信息，如图 8-62 所示。因为这张照片是使用副厂镜头拍摄的。针对这种情况，我们需要进行手动设置。

　　展开"建立"下拉列表，在其中选择拍摄这张照片时所使用的镜头品牌，因为使用的是适马的 150-600mm 镜头，所以选择"Sigma"，如图 8-63 所示。这样软件就能识别出拍摄时所使用的镜头等信息，并配置合适的文件，如图 8-64 所示，让画面的一些几何畸变得到校正。

图 8-62

图 8-63

图 8-64

　　切换到"基本"面板，对画面的影调层次进行调整：稍稍降低"曝光"的值，降低"高光"的值，避免一些位置出现严重的高光溢出现象；提高"阴影"的值，追回暗部的一些细节；提高"纹理"和"清晰度"的值让画面更具质感。调整完成之后单击"打开"按钮，如图 8-65 所示，将照片在 Photoshop 中打开。

图 8-65

本例中我们将使用比较特殊的"通道混合器"功能来对画面进行调色。

首先创建通道混合器调整图层，打开通道混合器调整面板，如图 8-66 所示。

图 8-66

我们要为整体环境渲染一种清冷的色调，因此我们首先对绿色和蓝色进行调整。向左拖动"绿色"和"蓝色"滑块，降低绿色系和蓝色系中红色的比例，相当于其中提高青色的比例。我们可以看到原照片中绿色系景物和蓝色系景物，也就是天空、建筑等变得偏青，如图8-67所示。

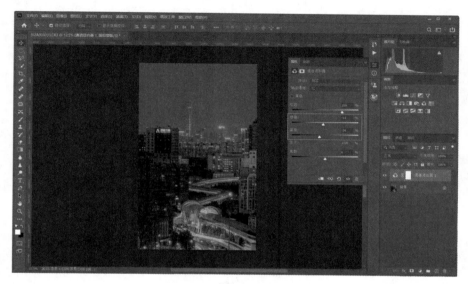

图 8-67

画面中一些高光部分也被渲染上了青色调，效果不够理想。这时我们可以向右拖动"红色"滑块，增加红色系景物中的红色成分，此时画面的色彩开始趋向平衡，如图8-68所示。我们通过调整"红色""绿色"和"蓝色"通道的值，让画面形成强烈的冷暖对比，并且画面整体比较干净，呈现出双色的配色效果。

对于这张照片，我们依然要考虑远处高楼的明暗层次问题，如果能够塑造远处高楼的立体感，画面效果一定会好一些。因此我们创建曲线调整图层，向上拖动曲线进行提亮，然后按Ctrl+I组合键对蒙版进行反向，隐藏调整效果，如图8-69所示。

接下来我们使用"画笔工具"对一些远处高楼的右侧面进行提亮，这样这些建筑会显得更立体，表现力更强，画面整体的效果会更好。前景色要设定为白色，"不透明度"和"流量"要设定得稍微高一些，本例中设定"不透明度"为"50%"，"流量"为"20%"，在图中标注的区域进行涂抹，还原出这些区域的提亮效果，如图8-70所示。

221

图 8-68

图 8-69

222

图 8-70

　　画面中一些亮度比较高的区域会干扰观者视线，因此我们可以创建曲线调整图层，向下拖动曲线对画面进行压暗，然后按 Ctrl+I 组合键对蒙版进行反向，隐藏压暗效果，如图 8-71 所示。

图 8-71

然后，对图 8-72 中标注的区域进行压暗。对右侧大片的楼体进行压暗，可以避免这些位置干扰观者的视线；对远处高楼的背光面进行压暗，可以让这些建筑呈现出更强的立体感。通过这样的调整，我们可以看到画面整体既干净立体，又层次丰富，效果好了很多，如图 8-72 所示。

图 8-72

检查画面中因为受霓虹灯影响而呈现出特别色彩的区域，比如画面右下角的一片树木呈现红色，虽然看似不起眼，但它会干扰观者的视线。对于这种情况，我们可以考虑将这片树木的色彩调整为与周边其他树木的色彩相协调的色彩。

在"图层"面板右下角单击"创建空白图层"按钮，创建一个空白图层，如图 8-73 所示。

图 8-73

在工具栏中选择"吸管工具"，在色彩正常的树木上单击取色，将前景色设为这种青灰色，如图 8-74 所示。

图 8-74

选择"画笔工具"，将画笔的"不透明度"和"流量"设置得高一些，在色彩失真的这片树木上进行涂抹，如图 8-75 所示。

图 8-75

将这些区域涂抹为青灰色后，画面中仍然存在严重的色彩失真问题。我们可以将"图层1"图层的混合模式改为"颜色"，如图8-76所示，这时就用涂抹的颜色替代了这些区域原有的颜色，完成了这些区域的调色。

图 8-76

　　使用这种调色方法的效果是比较理想的，这种调色方法比较适用于对一些比较小的区域进行调色。在人像调色实战中，对丢色区域进行补色时，用这种方法的效果也是比较理想的。

　　此时照片调整大致完成，但我们可以再创建一个曲线调整图层，在曲线调整面板中拖出一条S形曲线，提高画面的通透度，如图8-77所示。

图 8-77

此时，照片的影调及色彩都比较理想。但照片的构图依然存在问题，比如作为视觉中心的最高的建筑有点偏左，如果其能够居中，画面会更耐看一些。因此我们按 Ctrl+Alt+Shift+E 组合键盖印一个图层，如图 8-78 所示。

选择"裁剪工具"，取消勾选上方的"内容识别"复选项，然后向左拖动裁剪线，在照片的左侧扩充出一片区域，如图 8-79 所示，然后按 Enter 键完成裁剪。

图 8-78

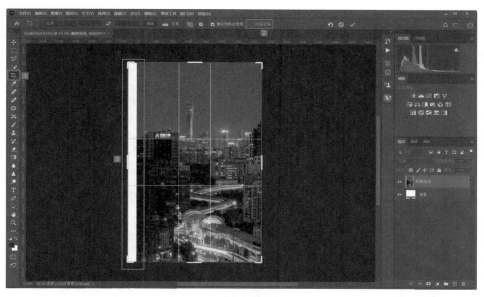

图 8-79

在工具栏中选择"矩形选框工具"，框选最高的建筑右侧的区域，如图 8-80 所示，按 Ctrl+T 组合键对照片执行"变形"命令，然后在按住 Shift 键的同时将右侧边线向左拖动，如图 8-81 所示。

227

图 8-80

图 8-81

　　用相似的办法，使画面左侧向左拉伸，填满左侧的空白区域，然后裁掉右侧重复的区域，如图 8-82 所示。

图 8-82

　　此时最高的建筑基本位于画面的正中间，按 Enter 键完成二次构图。

　　此时我们可以再次按 Ctrl+Shift+A 组合键进入 Camera Raw 滤镜，展开"混色器"面板，切换到"色相"子面板，在其中对一些参数进行微调，具体包括向左拖动"黄色"滑块和"绿色"滑块，向右拖动"浅绿色"滑块，让画面的暖色调趋向一致，如图 8-83 所示。最后对比调色前和调色后的效果，我们会发现虽然变化很小，但是整体效果好了很多。这样，我们就完成了这张照片的最终处理，再将照片保存就可以了。

图 8-83

■ 祈年殿全景：大场景古建筑后期调色实战

本案例的原始照片有9张，如图8-84到图8-92所示，是从9个角度对图中场景进行竖拍的。我们对其进行接片，再对接好的照片进行影调的重塑与画面的调色，最终得到比较理想的效果，如图8-93所示。

图 8-84   图 8-85   图 8-86

图 8-87   图 8-88   图 8-89

图 8-90

图 8-91

图 8-92

图 8-93

　　这个案例的处理难度是比较大的，涉及比较多的知识点。我们需要对画面中一些区域的影调进行单独的调整，塑造画面的光感，并协调画面整体的色彩。

　　下面来看具体的处理过程。

　　首先在素材文件夹中选择本案例的 9 张照片，如图 8-94 所示，将其拖入 Photoshop，这些照片会自动载入 Camera Raw。

　　从左侧的胶片窗格中可以看到打开的多张照片，如图 8-95 所示。

图 8-94

图 8-95

右键单击胶片窗格中的某一张照片，在弹出的菜单中选择"全选"，如图8-96 所示，这样可以将所有的照片全部选中。

再次右键单击某一张照片，在弹出的菜单中选择"合并到全景图"，如图8-97 所示。

图 8-96

图 8-97

此时会弹出"合并到全景图"警示框，直接单击"确定"按钮，如图 8-98 所示。

此时会打开"全景合并预览"对话框，我们要在这个对话框中要进行一些设置。

图 8-98

首先设置"投影"，一般来说"球面"和"圆柱"是比较常选择的两个选项，"透视"选项选择得比较少。选择"球面"后，可以看到接片效果还可以，但画面整体比较扁，如图 8-99 所示。

图 8-99

233

选择"圆柱"后，可以看到接片效果更理想，特别是建筑的房顶部分，展现了更多的区域，如图 8-100 所示。

图 8-100

如果选择"透视"，会发现无法合并选定图像，如图 8-101 所示。

图 8-101

本例中我们选择"圆柱"。

之后将"边界变形"的值调整到最高，如图 8-102 所示。

所谓边界变形是指利用有像素的区域填充四周空白的区域。将"边界变形"的值调整到最高之后，四周空白的区域就被填充了出来。当然，画面会产生一定的形变，但这种形变目前在可接受的范围之内。

勾选下方的"应用自动设置"复选项，可由软件对当前的照片进行自动调整。在之前的案例中我们已经进行过多次自动调整，具体操作是在"基本"面板中单击"自动"按钮。在此如果我们不勾选"应用自动设置"复选项，后续单击"基本"面板中的"自动"按钮可以起到一样的作用。

勾选"自动裁剪"可以裁掉四周空白的区域。但因为我们之前已经将"边界变形"的值调整到了最高，所以是否勾选"自动裁剪"复选项就不重要了。

最后单击"合并"按钮，如图 8-102 所示。

图 8-102

此时会弹出"合并结果"对话框，保持默认设置，直接单击"保存"按钮即可，如图 8-103 所示。

这样拼合后的照片会在 Camera Raw 主界面中打开，左侧胶片窗格的最下方会出现该照片的缩略图，如图 8-104 所示。在右侧的"基本"面板中可以看到自动调整的效果。

图 8-103

图 8-104

接下来我们再次降低"高光"的值，追回高光的细节；提高"阴影"的值，追回暗部的细节；稍稍提高"对比度"的值，丰富画面的层次；提高"清晰度"的值，强化建筑的质感，如图 8-105 所示。

图 8-105

对照片的影调进行初始调整之后，接下来对照片的色调进行一些基本的调整。切换到"混色器"面板，再切换到"饱和度"子面板，在其中降低"绿色""淡绿色""蓝色"的值。因为房顶部分的绿色、青色、蓝色的饱和度非常高，需要稍稍降低这些色彩的饱和度，我们就奠定了照片的基本色调。

单击"打开"按钮，如图 8-106 所示，进入 Photoshop 进行精修。

图 8-106

237

首先在工具栏中选择"裁剪工具"，裁掉左右两侧及下方一些不规则的区域，如图 8-107 所示。

图 8-107

图 8-108

此时观察照片我们会发现建筑走廊的顶部有一些区域的亮度过高，特别干扰视线，也不符合自然规律，应将其压暗；此外，地面的光影也比较乱，如图 8-108 所示。

因此图 8-108 中标出的区域应该被压暗。一些立柱或者墙体的遮挡处应该处于阴影部分，把这些区域压暗，画面中的阴影就会比较有规律，那么地景整体就会变得协调。

创建曲线调整图层，向下拖动曲线对画面进行压暗，此时压暗的是画面整体，如图 8-109 所示。

238

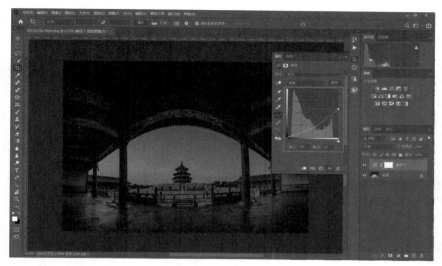

图 8-109

实际上我们想要压暗的只是地面的一些阴影，因此按 Ctrl+I 组合键对蒙版进行反向，在工具栏中选择"画笔工具"，将前景色设为白色，"不透明度"设为12%，"流量"设为 20%，用画笔对地面立柱的投影、墙体的投影、一些亮度过高的反光位置进行压暗，如图 8-110 所示。完成后我们可以看到地景变得干净并且层次丰富。

图 8-110

将"不透明度"和"流量"提高到 30%，在建筑走廊顶部亮度比较高的位置进行涂抹，把这些位置压暗，如图 8-111 所示。

图 8-111

图 8-112

对照片的影调进行重塑之后，盖印一个图层，如图 8-112 所示。

接下来我们想要塑造高亮的霞光部分。按 Ctrl+Shift+A 组合键，进入 Camera Raw 滤镜，在天空中间的左侧绘制一个径向渐变滤镜，以模拟高亮的霞光区域，如图 8-113 所示。

参数设定如下：提高"曝光"的值；降低"高光"的值，避免出现高光溢出的问题；提高"色温"与"色调"的值，制作暖光效果；提高"饱和度"的值，让霞光的色彩更浓郁一些，如图 8-114 所示。

240

图 8-113

图 8-114

此时墙体和立柱的背面也被渲染上了这种光照效果，这是不合理的。因此单击"减去"按钮，在展开的列表中选择"色彩范围"，如图 8-115 所示。

然后在立柱上单击，那么与我们单击位置相近的一些色彩区域就会被排除在径向渐变滤镜的调整范围之外，可以看到所有的立柱都被排除掉了，如图 8-116 所示。

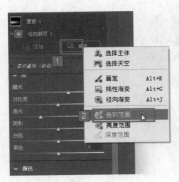

图 8-115

图 8-116

再次单击"减去"按钮，再次选择"色彩范围"，如图 8-117 所示，在建筑走廊顶部单击，将这片区域也排除在径向渐变滤镜的调整范围之外，如图 8-118 所示。

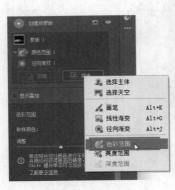

图 8-117

图 8-118

只要勾选"显示叠加"，就可以看到我们制作的径向渐变滤镜所影响的区域，此时主要影响天空区域，如图 8-119 所示。

我们可以再次微调各种参数，让霞光效果更明显一些，如图 8-120 所示。

图 8-119

图 8-120

对于地景近处亮度比较高的问题，我们可以单击"创建新蒙版"按钮，在打开的列表中选择"线性渐变"，如图 8-121 所示，由地景近处向上拖动制作一个渐变滤镜，稍稍降低"曝光"的值，为地景制作一个由明到暗的渐变滤镜，如图 8-122 所示。

图 8-121

243

图 8-122

此时画面的四周暗、中间亮，强调了画面中间的重点景物。

调整完毕，单击"确定"按钮，返回 Photoshop 主界面。

当前画面整体有些窄，建筑有一些变形。因此我们可以在工具栏中选择"裁剪工具"，向左右两侧扩充构图，扩充出两个空白区域，如图 8-123 所示。

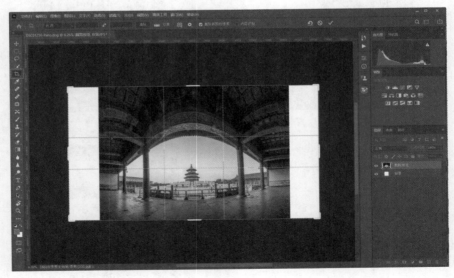

图 8-123

　　然后在工具栏中选择"矩形选框工具"，选出右半边区域，按 Ctrl+T 组合键对选区执行"变形"命令，按住 Shift 键将照片向右拖动扩展，如图 8-124 所示。

　　用同样的方法对左侧进行扩展。这样我们就通过"变形"改变了画面的构图，画面整体效果变得更理想一些，如图 8-125 所示。

图 8-124

图 8-125

　　创建一个曲线调整图层，在曲线调整面板中拖出一条 S 形曲线，让画面整体更通透一些，如图 8-126 所示。

图 8-126

245

此时观察照片可以看到走廊顶部有一些炫光，如图 8-127 所示，因此我们可以创建一个曲线调整图层进行压暗，如图 8-128 所示。

图 8-127

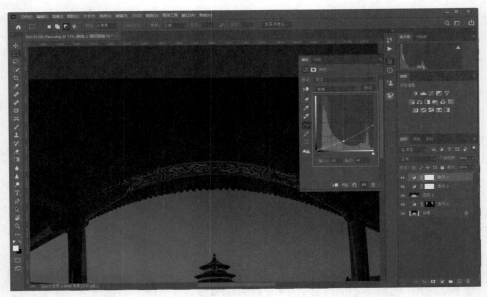

图 8-128

我们主要想要压暗的是炫光部分，因此需要将蒙版进行反向，遮挡住所有的压暗效果。在工具栏中选择"画笔工具"，将前景色设为白色，"不透明度"和"流量"依然设为30%，缩小画笔直径，在炫光位置进行涂抹，把炫光压暗。最终可以看到，炫光不再明显，画面整体效果好了很多，如图8-129所示。

图 8-129

这样，这张照片的调色初步完成。

当然，如果要追求更好的效果，我们还可以对影调和色彩再次进行精修，但因为篇幅关系，这里就不过多演示。

■ 大观园人像：人像写真后期调色实战

人像写真是非常大的一个门类，包含室内人像写真、室外人像写真、商业人像写真等多种类别。

本例介绍的是一般室外人像写真的后期调色思路与技巧，会涉及对人物部分的简单处理、对影调的重塑和对环境的调色等全方位的知识，能够满足一般摄影爱好者对于人像写真后期处理的需求。

如果你想学习非常专业的商业人像写真后期处理知识，可以以本例为基础，后续再进行深度学习。本例所介绍的双曲线磨皮是商业人像写真后期处理中最为常用的磨皮方式之一。

图 8-130

下面来看具体案例。图 8-130 所示的这张照片中，主色调是青黄色，但人物部分比较暗，画面中杂色比较多，比如花朵的色彩、建筑的色彩等。经过后期处理，我们可以看到人物得到美化，一些杂色也被渲染上了环境色，画面整体的影调与色调都比较合理，并且对人物部分进行了磨皮和优化，人物皮肤也变得更好了，如图 8-131 所示。

图 8-131

下面来看具体的调整过程。

首先将 RAW 格式的文件拖入 Photoshop，在 Camera Raw 中打开，此时可以看到打开的原文件，如图 8-132 所示。

展开"光学"面板，勾选"删除色差"和"使用配置文件校正"复选项，放大照片，对比调整前后的效果可以发现，删除色差之后，人物边缘的一些彩边被很好地修掉了，如图 8-133 所示。

图 8-132

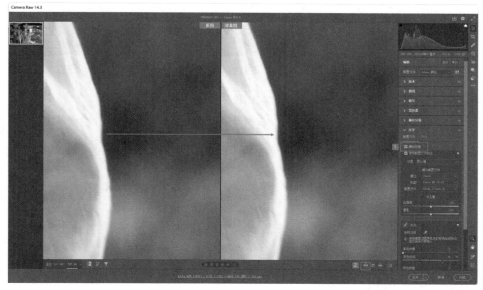

图 8-133

切换到"基本"面板，在其中对照片的影调层次进行基本的调整，主要包括降低"高光"的值，追回亮部的细节；稍稍提高"曝光"的值，让画面更明亮一些；

提高"阴影"的值，追回暗部的细节；微调"白色""黑色"等参数；提高"纹理"和"清晰度"的值，增强画面的质感，如图 8-134 所示。因为后续我们很多的调整都是要让画面变得更加柔和，所以在这里要稍稍提高"纹理"和"清晰度"，避免后续照片变得过于柔和、不清晰。

图 8-134

图 8-135

照片初步调整完成之后，我们发现人物部分亮度很低。在工具栏中选择"蒙版工具"，在面板中单击"选择主体"按钮，如图 8-135 所示，这样可以将人物很好地选择出来。我们要将人物进行提亮，因此提高"曝光"的值，稍稍提高"阴影"的值，为了避免暗部发灰还要稍稍降低"黑色"的值，这样可以看到人物整体变亮，如图 8-136 所示。

图 8-136

此时人物衣服的亮度太高，所以我们在上方的面板中单击"减去"按钮，在打开的菜单中选择"画笔"，如图 8-137 所示，然后在人物衣服的下半部分进行涂抹，将这些部分的提亮效果减去，如图 8-138 所示。调整完成之后单击"打开"按钮，将照片在 Photoshop 当中打开，准备进行皮肤的精修。

图 8-137

图 8-138

251

放大照片可以看到人物面部有很多瑕疵。对于这类瑕疵的修复，我们首先按 Ctrl+J 组合键复制一个图层，如图 8-139 所示。

图 8-139

接下来在工具栏中使用"污点修复画笔工具"去除人物面部的一些瑕疵。此时可以对比去瑕疵修复之前（图 8-140）和之后（图 8-141）的画面效果，瑕疵修复后，人物面部明显干净了很多。

图 8-140   图 8-141

修掉比较大、比较明显的瑕疵之后，准备对人物进行磨皮处理。

所谓的磨皮，实际上就是重塑皮肤明暗影调的过程，比如人物面部有一个疙瘩，那么疙瘩的受光面的亮度肯定会非常高，背光面的亮度非常低，我们借助提亮或压暗曲线将疙瘩的受光面压暗，将疙瘩的背光面提亮，这样这个疙瘩就会被弱化掉，变得几乎不可见，这就是磨皮的原理。

为了便于观察人物皮肤表面的明暗状态，我们可以先将色彩消掉。创建一个黑白调整图层将照片变为黑白状态，如图 8-142 所示。当然，这个黑白图层只是一个观察图层，是为了便于我们观察，我们只要把它隐藏，就不会影响修片效果。

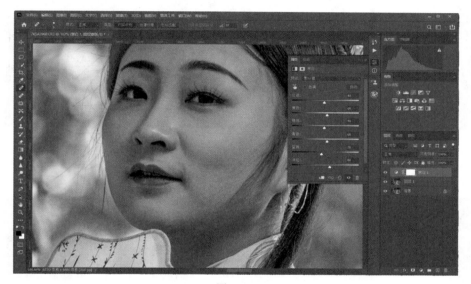

图 8-142

照片变为黑白状态后，人物皮肤的明暗结构清楚了很多，但还不够明显，因此我们再创建一个曲线调整图层，在曲线调整面板中拖出一条 S 形曲线，让人物皮肤的明暗结构更清晰，如图 8-143 所示，这个"曲线"调整图层也是一个观察层。

接下来我们就对照片进行双曲线磨皮。所谓双曲线磨皮是指把人物皮肤过亮的位置利用压暗曲线压暗，把人物皮肤过暗的位置利用提亮曲线提亮，这样人物皮肤就会更加平滑、细腻。

首先我们创建一个曲线调整图层，在曲线调整面板中拖出一条提亮曲线，然后按 Ctrl+I 组合键对蒙版进行反向，将提亮效果隐藏起来，如图 8-144 所示；再用同样的方法拖出一条压暗曲线，并对蒙版进行反向，将压暗效果隐藏起来，如图 8-145 所示。

图 8-143

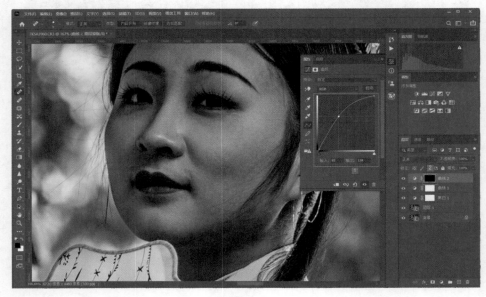

图 8-144

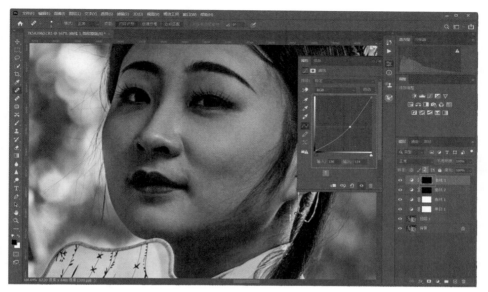

图 8-145

之后对这两个曲线调整图层进行重命名，一个命名为"提亮"，另一个命名为"压暗"，便于我们快速找到对应的曲线，如图 8-146 所示。

首先单击"提亮"图层的蒙版，然后在工具栏中选择"画笔工具"，将前景色设为白色，将画笔"不透明度"设定为 12%，"流量"设定为 20%，缩小画笔直径，在人物面部比较暗的位置轻轻地涂抹，对这些位置进行提亮，如图 8-147 所示。

图 8-146

255

图 8-147

　　提亮完成之后，先隐藏"提亮"图层（图 8-148），再显示"提亮"图层
（图 8-149），对比提亮前后的画面效果，可以看到人物面部的一些暗处被提亮了。

图 8-148

256

图 8-149

接下来单击"压暗"图层的蒙版，然后在工具栏中选择"画笔工具"，画笔保持之前的设定，然后对图中一些比较亮的位置进行涂抹，还原出这些位置的压暗效果，如图 8-150 所示。

图 8-150

对人物面部进行双曲线磨皮时，如果发现一些比较明显的、无法利用双曲线修掉的瑕疵，可以再次单击下方的"图层 1"图层，也就是修掉瑕疵的这个图层，选择"污点修复画笔工具"将瑕疵修掉，如图 8-151 所示。之后单击"压暗"图层的蒙版，然后用画笔进行涂抹。

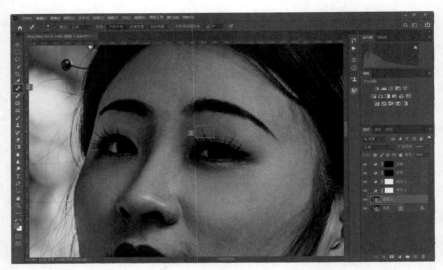

图 8-151

完成双曲线磨皮之后，我们可以对比一下调整之前（图 8-152）和调整之后（图 8-153）的画面效果。可以看到调整之前面部有一些结构性问题，明暗不均匀，调整之后人物的肤色依然不够完美，但是不再存在结构性问题，明暗更加均匀。

图 8-152

图 8-153

至于人物肤质依然不够完美的问题，我们后续会进行液化处理并使用第三方滤镜进行磨皮处理，补充和优化之前双曲线磨皮的效果，最终解决问题。至此，本例的第一个环节结束。

接下来我们对照片中一些比较明显的问题进行调整。

隐藏"曲线 1"和"黑白"这两个观察图层，将照片变回彩色状态。

接下来，强化一下人物的眼神光，单击"提亮"图层的蒙版，选择"画笔工具"，适当提高"不透明度"和"流量"，在人物眼睛中进行涂抹，让人物的眼神光更明显一些，如图 8-154 所示。

图 8-154

人物周边的环境灰蒙蒙的，色彩也不够纯净，同样需要调色。调整环境时我们可以先在"图层"面板中单击某个像素图层，此处单击"图层 1"图层，然后打开"选择"菜单，选择"主体"，将人物选择出来，如图 8-155 所示。

图 8-155

然后打开"选择"菜单，选择"反选"，如图 8-156 所示。

图 8-156

反选操作可以通过执行菜单命令实现，也可以通过直接按 Ctrl+Shift+I 组合键实现。这样我们就选中了人物之外的环境。

创建可选颜色调整图层，在可选颜色调整面板中，将"颜色"设定为"中性色"，然后稍稍提高"青色"的值，让背景中间一些发灰的区域渲染上一些青色；对于人物头发不够黑的问题，我们可以稍稍提高"黑色"的值，让人物的头发等位置变得更黑一些，如图 8-157 所示。

图 8-157

将"颜色"设定为"黄色",提高"青色"的值,让环境中的植物部分的色彩更协调;为了避免整个环境过于偏绿,我们可以稍稍提高"洋红"的值,相当于降低绿色的值;稍稍提高"黑色"的值,让色调更沉稳一些,如图 8-158 所示。

图 8-158

经过这样的调整,我们会发现整个环境部分变得更协调、更干净了。

接下来,我们解决照片中的杂色问题。比如,走廊上蓝色和青色的饱和度比较高,我们可以右键单击可选颜色调整图层的蒙版,在打开的菜单中选择"添加蒙版到选区",也就是将蒙版转为选区(当然也可以直接按 Ctrl 键单击蒙版,同样可以将蒙版载入选区),如图 8-159 所示。

之后创建色相/饱和度调整图层,选择"蓝色",降低"饱和度"的值,并且向左拖动"色相"滑块,让蓝色偏青。此时,可以看到走廊中蓝色的饱和度得到降低,并且蓝色与周边其他的色彩变得协调起来,如图 8-160 所示。

对于画面中黄色与青色不协调的问题,我们可以选择"青色",稍稍降低"饱和度"和"明度"的值,让黄色与青色更协调,让整个环境更干净,如图 8-161 所示。

图 8-159

图 8-160

图 8-161

选择"全图",降低"饱和度"的值,让环境的饱和度变低一些,避免干扰人物的表现力;稍稍降低"明度"的值,继续弱化环境的效果,如图 8-162 所示。

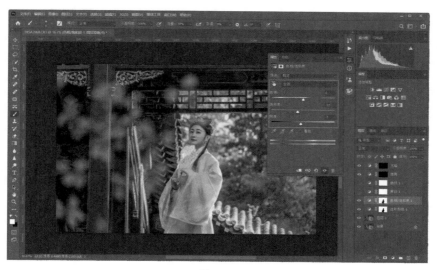

图 8-162

这样,我们就得到了色调干净、统一的环境。

对于背景中亮度比较高的位置,我们可以创建一个曲线调整图层进行压暗,然后按 Ctrl+I 组合键对蒙版进行反向,如图 8-163 所示。

图 8-163

用"画笔工具"在过亮的位置上进行涂抹，使其变暗，让背景更干净一些，如图 8-164 所示。

图 8-164

此时画面整体有点沉闷，我们再创建一个曲线调整图层，在曲线调整面板中稍稍向上拖动曲线，让画面更加明亮一些，如图 8-165 所示。这样对照片影调及色彩的调整基本上就完成了。

图 8-165

回顾整个调整过程，我们先是对人物部分进行影调的协调，然后对人物进行磨皮，最后调整整个环境的影调以及色彩。

在实际的调整过程中，每个人的调整思路和操作习惯不同，审美也有差别，所以说具体的调整细节可能千差万别，但只要我们记住大致的思路是对人物进行磨皮精修，对环境的影调与色彩进行协调，让人物更漂亮，让环境更干净、协调就可以了。

单击最上方的曲线调整图层，如图 8-166 所示，盖印一个图层，如图 8-167 所示，准备对照片进行液化处理，并利用第三方滤镜进行磨皮处理。

图 8-166

图 8-167

265

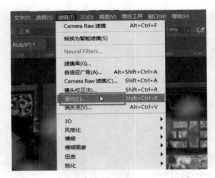

图 8-168

打开"滤镜"菜单，选择"液化"，如图 8-168 所示。

进入液化界面，在其中对人物五官进行液化和重塑，包括对眼睛大小、眼睛距离、鼻子宽度、前额、下巴高度、下颌、脸部宽度等进行调整，如图 8-169 所示。

图 8-169

调整完毕，对于人物面部的一些线条依然不够理想的问题，选择左上角的"前推工具"，调整合适的画笔大小，对这些位置进行涂抹。

具体而言，对于头发上的一些首饰，可以稍稍向外拖动，让这些区域的线条显得更加流畅和饱满；对于人物面部线条有一些弯曲的问题，可以使面部轮廓稍稍向内收缩；对于肩部，同样稍稍向内收缩，让肩部线条更流畅；调整完成之后单击"确定"按钮，如图 8-170 所示。这样我们就完成了对人物面部五官以及肢体的一些重塑，可以看到人物整体变得更秀气。

图 8-170

接下来我们按 Ctrl+J 组合键复制一个图层，如图 8-171 所示，准备利用第三方滤镜对人物进行磨皮处理。之前进行的磨皮处理只是一种结构性的调整，解决了人物面部凹凸不平的问题。

打开"滤镜"菜单，选择"Imagenomic"—"Portraiture 3"这个第三方滤镜，如图 8-172 所示。

图 8-171

图 8-172

进入 Portraiture 3 滤镜界面之后，各种参数保持默认设置，直接单击"确定"按钮，如图 8-173 所示，完成磨皮，回到 Photoshop 主界面。

图 8-173

当前的磨皮针对的是整个画面，而我们想要处理的只是人物的皮肤。放大照片，可以看到人物的皮肤变得非常理想，如图 8-174 所示，因为我们先优化了结构，再用第三方滤镜进行磨皮，所以人物的皮肤会变得白皙且光滑。

图 8-174

如果之前没有用双曲线磨皮优化结构，直接用第三方滤镜进行磨皮，虽然皮肤会变得比较光滑，但是面部依然存在凹凸不平的结构性问题。

接下来按住 Alt 键，单击"创建图层蒙版"按钮，为上方的磨皮图层创建一个黑蒙版，将磨皮效果遮挡起来，如图 8-175 所示。

在工具栏中选择"画笔工具"，将前景色设为白色，"不透明度"和"流量"设为 100%，在人物面部进行涂抹，还原这些区域的磨皮效果，然后将手部的磨皮效果也还原出来。

如果要观察涂抹的区域，我们只要按住 Alt+Shift 键并单击"蒙版"图标，就可以显示出涂抹的区域，红色区域则是未涂抹的区域，如图 8-176 所示。

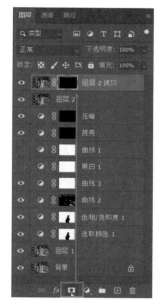

图 8-175

图 8-176

269

图 8-177

最后再次盖印一个图层，如图 8-177 所示。

利用"污点修复画笔工具"修掉背景中墙上的花枝，如图 8-178 所示，因为它会分散观者的注意力。至此，这张照片处理完成。

实际上人像写真照片的后期处理思路，与其他题材照片的后期处理思路并没有本质不同，都是要重塑光影，调整色彩，优化细节。但是人像写真照片对于人物皮肤、五官的要求非常高，需要我们进行单独的精修。此外人像写真照片的后期处理过程比较细致，自然风光等题材照片的后期处理虽然对审美和创意的要求比较高，但是整个后期处理过程是一种粗线条的过程，不需要很细致。

图 8-178